できたよ ★ シート

べんきょうが おわった ページの ばんごうに
「できたよシール」を はろう!

なまえ

スタート　がんばるぞ!

1　2　3　4

\さんすうパズル/
9　8　7　6　5

その ちょうし!

10　11　12　13　14

もうすぐ はんぶん!

19　18　\さんすうパズル/ 17　16　15

20　21　22　23　24　25

31　30　29　28　27　26

32　33　34　35　36　37

ゴール

\まとめテスト/
4　39　38

JN029445

1年たしざん

やりきれるから自信がつく！

☑ 1日1枚の勉強で，学習習慣が定着！

◎目標時間に合わせ，無理のない量の問題数で構成されているので，
「1日1枚」やりきることができます。

◎解説が丁寧なので，まだ学校で習っていない内容でも勉強を進めることができます。

☑ すべての学習の土台となる「基礎力」が身につく！

◎スモールステップで構成され，1冊の中でも繰り返し練習していくので，
確実に「基礎力」を身につけることができます。「基礎」が身につくことで，発
展的な内容に進むことができるのです。

◎教科書に沿っているので，授業の進度に合わせて使うこともできます。

☑ 勉強管理アプリの活用で，楽しく勉強できる！

◎設定した勉強時間にアラームが鳴るので，学習習慣がしっかりと身につきます。

◎時間や点数などを登録していくと，成績がグラフ化されたり，
賞状をもらえたりするので，達成感を得られます。

◎勉強をがんばると，キャラクターとコミュニケーションを
取ることができるので，日々のモチベーションが上がります。

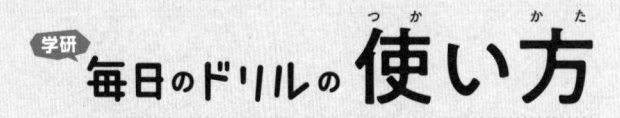

学研 毎日のドリルの **使い方**

① 1日1枚，集中して解きましょう。

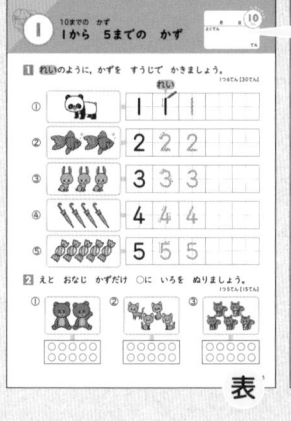

表

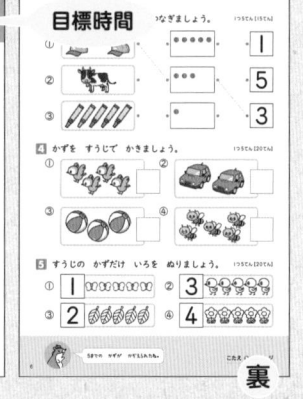
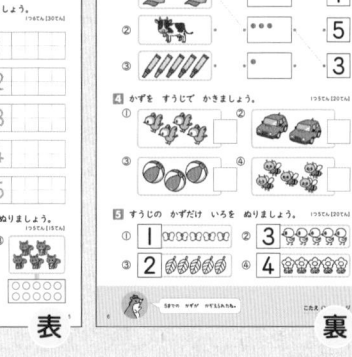

裏

◎1回分は，1枚（表と裏）です。
1枚ずつはがして使うこともできます。

◎目標時間を意識して解きましょう。

アプリのストップウォッチなどで，かかった時間を計るとよいでしょう。

・巻末の「まとめテスト」で，この本の内容が身についたかを確認できます。

② おうちの方に，答え合わせをしてもらいましょう。

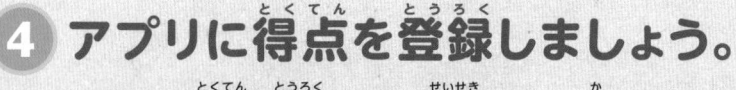

・本の最後に，「こたえとアドバイス」があります。

・答え合わせをして，点数をつけてもらいましょう。

できなかった問題を解き直すと，より力がつくよ！

③ 「できたよシート」に，「できたよシール」をはりましょう。

・勉強した回の番号に，好きなシールをはりましょう。

④ アプリに得点を登録しましょう。

・アプリに得点を登録すると，成績がグラフ化されます。
・勉強すると，キャラクターが育ちます。

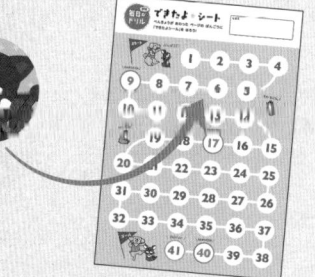

♪毎日のドリル♪ 勉強管理アプリ

「毎日のドリル」シリーズ専用、スマートフォン・タブレットで使える無料アプリです。一つのアプリでシリーズすべてを管理でき、学習習慣が楽しく身につきます。

1 「毎日のドリル」の学習を徹底サポート！

毎日の勉強タイムをお知らせする
「タイマー」

かかった時間を計る
「ストップウォッチ」

勉強した時間を記録する
「カレンダー」

入力した得点を
「グラフ化」

目標時間を意識しよう！

2 キャラクターと楽しく学べる！

好きなキャラクターを選ぶことができます。勉強をがんばるとキャラクターが育ち、「ひみつ」や「フク」が増えます。

3 1冊終わると、ごほうびがもらえる！

ドリルが1冊終わるごとに、賞状やメダル、称号がもらえます。

これは やる気が でちゃうさ！

4 漢字と英単語のゲームにチャレンジ！

ゲームで、どこでも手軽に、楽しく勉強できます。漢字は学年別、英単語はレベル別に構成されており、ドリルで勉強した内容の確認にもなります。

自己ベスト更新目指そう！

漢字のよみがなを当てよう

単語のいみを当てよう

アプリの無料ダウンロードはこちらから！
https://gakken-ep.jp/extra/maidori/

【推奨環境】
■ 各種Android端末：対応OS Android6.0以上
■ 各種iOS（iPadOS）端末：対応OS iOS10以上

※対応OSであっても、Intel CPU（x86 Atom）搭載の端末では正しく動作しない場合があります。
※対応OSや対応機種については、各ストアでご確認ください。
※お客様のネット環境およびご利用環境によりアプリをご利用できない場合、当社は責任を負いかねます。
また、事前の予告なくサービスの提供を中止する場合があります。ご了承ください。

1

1から　5までの　かず

月　　日　　10ぷん

とくてん

てん

1 れいのように，かずを　すうじで　かきましょう。

1つ6てん【30てん】

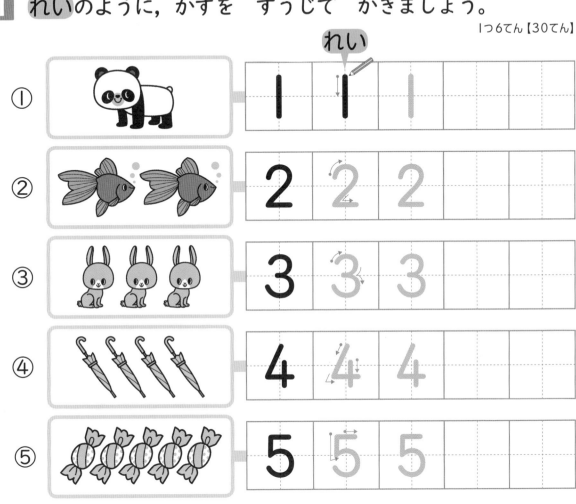

2 えと　おなじ　かずだけ　◯に　いろを　ぬりましょう。

1つ5くん【15くん】

①

②

③

3 おなじ　かずを　——で　つなぎましょう。 1つ5てん【15てん】

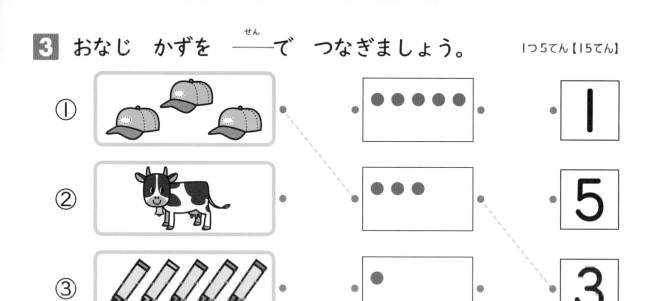

① ② ③

4 かずを　すうじで　かきましょう。 1つ5てん【20てん】

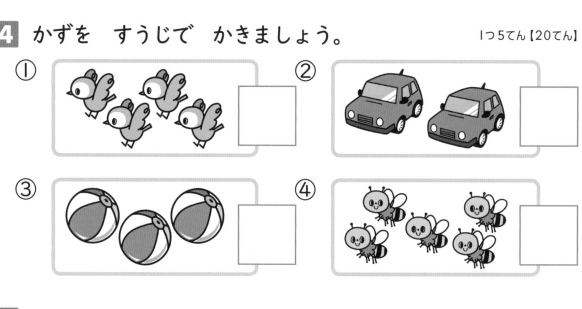

① ② ③ ④

5 すうじの　かずだけ　いろを　ぬりましょう。 1つ5てん【20てん】

① 1 ② 3 ③ 2 ④ 4

5までの　かずが　かぞえられたね。

こたえ ▶ 87ページ

6から 10までの かず

1 れいのように，かずを すうじで かきましょう。

1つ6てん【30てん】

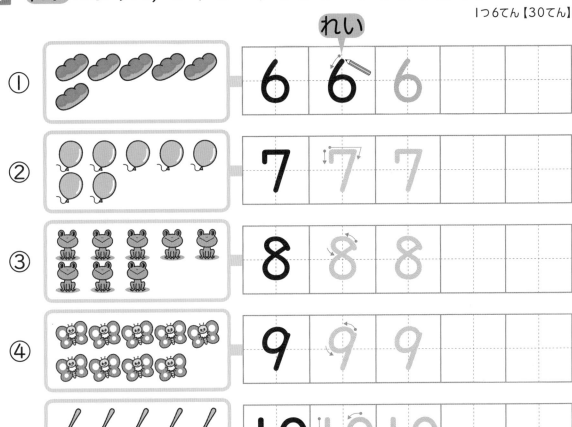

れい

① 6 6 6

② 7 7 7

③ 8 8 8

④ 9 9 9

⑤ 10 10 10

2 えと おなじ かずだけ ◯に いろを ぬりましょう。

1つ6てん【12てん】

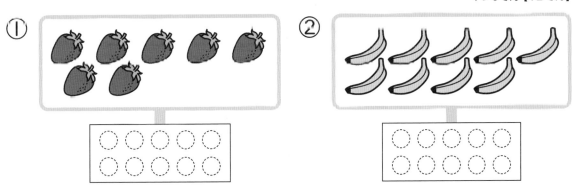

① ②

3 おなじ かずを ―― で つなぎましょう。

1つ7てん【28てん】

① 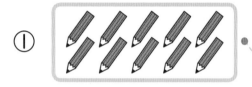  **6**

②   **9**

③  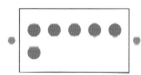 **8**

④   **10**

4 かずを すうじで かきましょう。

1つ6てん【30てん】

① 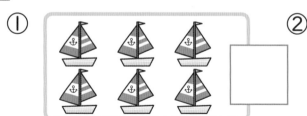 ②

③  ④

⑤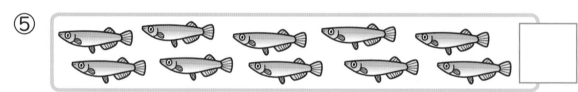

 10までの すうじが じょうずに かけたね。

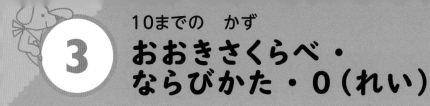

3 10までの かず

おおきさくらべ・
ならびかた・0（れい）

月　日

1 どちらが おおいですか。おおい ほうの （ ）に ○を かきましょう。

1つ4てん【8てん】

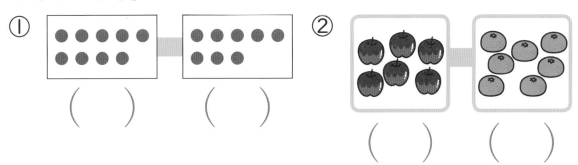

① （　　）　（　　）

② （　　）　（　　）

2 かずの おおきい ほうを ○で かこみましょう。

1つ3てん【12てん】

① 5　3

② 4　7

③ 6　9

④ 10　8

3 ちいさい ほうから じゅんに かずが ならぶように、
あいて いる □に すうじを かきましょう。

1つ2てん【20てん】

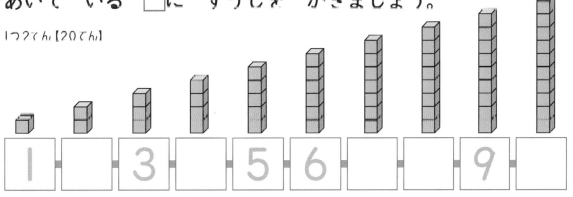

1　□　3　□　5　6　□　□　9　□

4 ちいさい ほうから じゅんに かずが ならぶように, あいて いる □ に すうじを かきましょう。　□1つ4てん【32てん】

① 6 □ 8　② 8 □ 10

③ 2 □ 4 □ 6

④ 4 5 □ 7 □ □

5 0と いう かずを すうじで かきましょう。　【4てん】

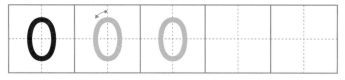

ひとつも ない ことを 「れい」と いい, 0と かく。

6 かずを すうじで かきましょう。　1つ4てん【24てん】

① おにぎりの かず

ひとつも ないなら 0だね。

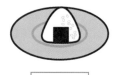 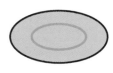

② ぼうるの かず

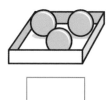 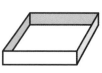

10までの　かずの　れんしゅう

月　　日　10ぷん

とくてん

てん

---

1 かずを　すうじで　かきましょう。

1つ4てん【24てん】

①

②

③

④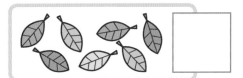

⑤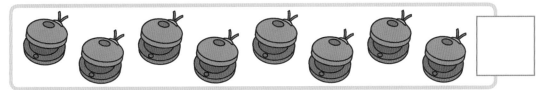

⑥

---

2 おなじ　かずを　——で　つなぎましょう。

1つ4てん【12てん】

① 　　　　

② 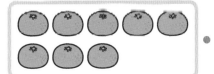　　　　

③ 　　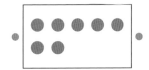

3 かずの おおきい ほうを ○で かこみましょう。

1つ4てん【16てん】

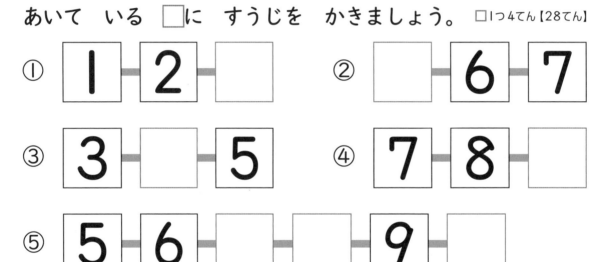

① ② ③ 8 4 ④ 9 10

4 ちいさい ほうから じゅんに かずが ならぶように、 あいて いる □に すうじを かきましょう。

□1つ4てん【28てん】

① 1 2 □

② □ 6 7

③ 3 □ 5

④ 7 8 □

⑤ 5 6 □ □ 9 □

5 かえるの かずを すうじで かきましょう。

1つ4てん【20てん】

① ② ③ ④ ⑤

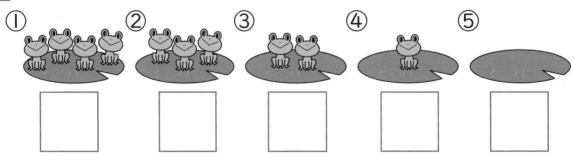

よく がんばったね。えらいよ。

こたえ ▶ 87ページ

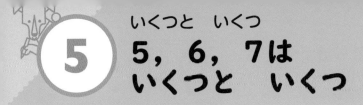

5　5，6，7は いくつと　いくつ

月　　日

とくてん

てん

1 5は　いくつと　いくつですか。

□に　かずを　かきましょう。1つ4てん【16てん】

① 5は　3と　[2]

② 5は　1と　[ ]

③ 5は　4と　[ ]

④ 5は　2と　[ ]

2 6は　いくつと　いくつですか。

□に　かずを　かきましょう。1つ4てん【20てん】

① 6は　2と　[ ]

② 6は　3と　[ ]

③ 6は　1と　[ ]

④ 6は　4と　[ ]

⑤ 6は　5と　[ ]

3 2まいの　かあどで　5に　なるように，◯に　いろを
ぬりましょう。　1つ4てん【8てん】

れい

① 　と

② 　と

13

4 7は いくつと いくつですか。
□に かずを かきましょう。

1つ4てん【24てん】

7　● ● ● ● ●
　　　● ●

① 7は 4と □

② 7は 2と □

③ 7は 6と □

④ 7は 3と □

⑤ 7は 1と □

⑥ 7は 5と □

5 うえと したの 2まいの かあどで 6に なるように,
・と ・を ──で つなぎましょう。

1つ4てん【20てん】

| 4 | 3 | 1 | 2 | 5 |

| 5 | 2 | 3 | 1 | 4 |

6 2まいで 7に なるように, □に かずを かきましょう。

1つ4てん【12てん】

① 2と □　② □と 6　③ □と 3

じょうずに かずを あけられたね。

こたえ ▶ 88ページ

14

1 8は いくつと いくつですか。

□に かずを かきましょう。1つ3てん【21てん】

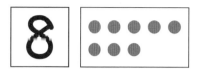

① 8は 3と 5

② 8は 7と □　　③ 8は 5と □

④ 8は 6と □　　⑤ 8は 1と □

⑥ 8は 4と □　　⑦ 8は 2と □

2 9は いくつと いくつですか。

□に かずを かきましょう。1つ4てん【32てん】

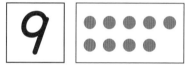

① 9は 5と □　　② 9は 3と □

③ 9は 7と □　　④ 9は 1と □

⑤ 9は 4と □　　⑥ 9は 8と □

⑦ 9は 2と □　　⑧ 9は 6と □

3 2まいの かあどで 9に なるように, ◯に いろを
ぬりましょう。　1つ4てん【8てん】

れい

●●● と ●●●●●●
　　　　 ◯◯◯◯

① ●●●● と ◯◯◯◯◯
　　　　　　 ◯◯◯◯◯

② ●● と ◯◯◯◯◯
　　　　 ◯◯◯◯◯

4 うえと したの 2まいの かあどで 8に なるように,
● と ● を ──で つなぎましょう。　1つ3てん【15てん】

| 5 | 2 | 3 | 4 | 7 |

| 6 | 4 | 3 | 1 | 5 |

5 2まいで 9に なるように, □に かずを かきましょう。
1つ4てん【24てん】

① 7 と □　　② □ と 3

③ 1 と □　　④ □ と 4

⑤ 6 と □　　⑥ □ と 2

よく
がんばったね。

8, 9も いくつと いくつか わかったね。

こたえ ▶ 88ページ

1 10は いくつと いくつですか。

□ を みて，□に かずを かきましょう。

1つ4てん【36てん】

① 10は 1と $\boxed{9}$

② 10は 2と $\boxed{}$

③ 10は 3と $\boxed{}$

④ 10は 4と $\boxed{}$

⑤ 10は 5と $\boxed{}$

⑥ 10は 6と $\boxed{}$

⑦ 10は 7と $\boxed{}$

⑧ 10は 8と $\boxed{}$

⑨ 10は 9と $\boxed{}$

2 10は いくつと いくつですか。□に かずを かきましょう。

1つ6てん【24てん】

① 10は 6と ☐   ② 10は 3と ☐

③ 10は 5と ☐   ④ 10は 2と ☐

3 あと いくつで 10に なりますか。□に かずを かき ましょう。

1つ5てん【10てん】

れい
8は あと 2で 10

8   2

① 7は あと ☐ で 10

② 4は あと ☐ で 10

4 2まいで 10に なるように, □に かずを かきましょう。

1つ6てん【30てん】

で
かんがえると いいね。

① 3 と ☐

② 9 と ☐   ③ ☐ と 8

④ 5 と ☐   ⑤ ☐ と 6

10が じょうずに わけられたね。

こたえ ▶ 88ページ

18

8 いくつと いくつの れんしゅう

月　　日　⑩ぷん
とくてん

てん

1 ◯の なかの かずは いくつと いくつですか。□に かずを かきましょう。

①～⑥1つ2てん，⑦～⑭1つ3点【36てん】

① ⑤は 2と ☐　　　② ⑤は 4と ☐

③ ⑥は 3と ☐　　　④ ⑥は 1と ☐

⑤ ⑥は 4と ☐　　　⑥ ⑦は 1と ☐

⑦ ⑦は 3と ☐　　　⑧ ⑦は 5と ☐

⑨ ⑧は 6と ☐　　　⑩ ⑧は 3と ☐

⑪ ⑧は 1と ☐　　　⑫ ⑨は 1と ☐

⑬ ⑨は 5と ☐

⑭ ⑨は 7と ☐

こまった ときは，◻の ずを おもいだしてね。

2 10は いくつと いくつですか。□に かずを かきましょう。

1つ4てん【16てん】

① 10は 9と ☐　② 10は 4と ☐

③ 10は 7と ☐　④ 10は 8と ☐

3 □に かずを かきましょう。

1つ4てん【48てん】

① 3と ☐ で 5　② ☐ と 2で 6

③ 4と ☐ で 7　④ ☐ と 5で 7

⑤ 3と ☐ で 8　⑥ ☐ と 6で 8

⑦ 3と ☐ で 9　⑧ ☐ と 7で 9

⑨ 2と ☐ で 10　⑩ ☐ と 6で 10

⑪ 1と ☐ で 10　⑫ ☐ と 5で 10

たくさん がんばったね。つぎは パズルだよ。

こたえ ▶ 88ページ

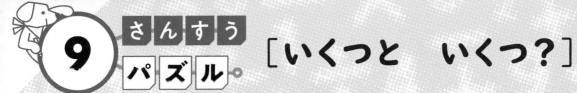

［いくつと　いくつ？］

1 となりどうしの　かずが　あわせて　10に　なる　ところ
ぜんぶに　いろを　ぬりましょう。なにが　でて　くるかな？

2 □に かずを かいて，その かずと おなじ かずの
ところを とおって すすみます。いりぐちから でぐちまで
いけるかな？

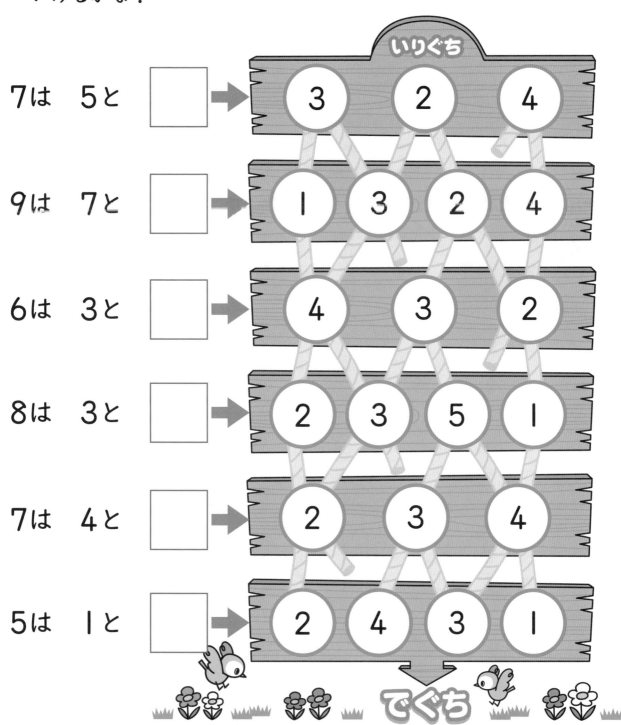

7は 5と □

9は 7と □

6は 3と □

8は 3と □

7は 4と □

5は 1と □

こたえ ▶ 89ページ

たしざん (1)
たしざんの　しかた①

月　日　10ぷん
とくてん
てん

1 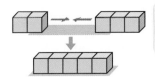を　みて，たしざんを　しましょう。　　1つ3てん【21てん】

① 2 ＋ 3 ＝ ☐

2　たす　3　は　5

 を　みて　かんがえよう！

② 2 ＋ 2 ＝ ☐

③ 1 ＋ 3 ＝ ☐

④ 3 ＋ 2 ＝ ☐

⑤ 4 ＋ 1 ＝ ☐

⑥ 3 ＋ 1 ＝ ☐

⑦ 1 ＋ 4 ＝ ☐

2 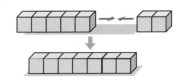を　みて，たしざんを　しましょう。　　1つ3てん【15てん】

① 5 ＋ 2 ＝ ☐

5　たす　2　は　7

② 5 ＋ 3 ＝ ☐

③ 2 ＋ 5 ＝ ☐

④ 5 ＋ 1 ＝ ☐

⑤ 4 ＋ 5 ＝ ☐

23

3 たしざんを しましょう。

1つ4てん【32てん】

① 1 + 2 = ☐

② 4 + 1 = ☐

③ 2 + 2 = ☐

④ 1 + 3 = ☐

⑤ 1 + 4 = ☐

⑥ 2 + 1 = ☐

⑦ 1 + 1 = ☐

⑧ 3 + 1 = ☐

4 たしざんを しましょう。

1つ4てん【32てん】

① 5 + 1 = ☐

② 3 + 5 = ☐

③ 1 + 5 = ☐

④ 5 + 2 = ☐

⑤ 5 + 3 = ☐

⑥ 2 + 5 = ☐

⑦ 4 + 5 = ☐

⑧ 5 + 4 = ☐

これから たしざんを がんばろうね。

こたえ ▶ 89ページ

11 たしざんの しかた②

月　日　10ぷん
とくてん
てん

1 🧊を みて, たしざんを しましょう。　1つ4てん【24てん】

① 7 ＋ 1 ＝ ☐
　7　たす　1　は　8

② 6 ＋ 1 ＝ ☐

③ 7 ＋ 2 ＝ ☐

④ 8 ＋ 1 ＝ ☐

⑤ 6 ＋ 2 ＝ ☐

⑥ 6 ＋ 3 ＝ ☐

2 🧊を みて, たしざんを しましょう。　1つ4てん【20てん】

① 1 ＋ 7 ＝ ☐
　1　たす　7　は　8

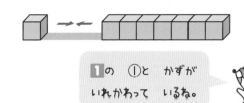

1の ①と かずが いれかわって いるね。

② 1 ＋ 6 ＝ ☐

③ 2 ＋ 7 ＝ ☐

④ 1 ＋ 8 ＝ ☐

⑤ 2 ＋ 6 ＝ ☐

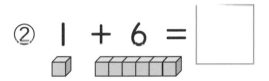

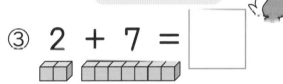

25

3 たしざんを　しましょう。

① 6 ＋ 1 ＝ ☐

② 7 ＋ 2 ＝ ☐

③ 7 ＋ 1 ＝ ☐

④ 6 ＋ 3 ＝ ☐

⑤ 6 ＋ 2 ＝ ☐

⑥ 8 ＋ 1 ＝ ☐

⑦ 6 ＋ 3 ＝ ☐

4 たしざんを　しましょう。

① 2 ＋ 7 ＝ ☐

② 3 ＋ 6 ＝ ☐

③ 1 ＋ 6 ＝ ☐

④ 1 ＋ 8 ＝ ☐

⑤ 2 ＋ 6 ＝ ☐

⑥ 3 ＋ 6 ＝ ☐

⑦ 1 ＋ 7 ＝ ☐

すごいよ。　たしざんが　できたね。

こたえ ▶ 89ページ

たしざんの　しかた③

月　　日

10ぷん

とくてん

てん

1 🧊を　みて，たしざんを　しましょう。　　1つ3てん【12てん】

① 4 ＋ 2 ＝ ☐

4　たす　2　は　6

② 3 ＋ 3 ＝ ☐

③ 2 ＋ 4 ＝ ☐

④ 4 ＋ 3 ＝ ☐

2 🧊を　みて，たしざんを　しましょう。　　1つ4てん【28てん】

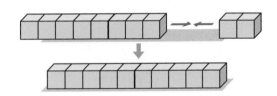

① 8 ＋ 2 ＝ ☐

8　たす　2　は　10

② 7 ＋ 3 ＝ ☐

③ 9 ＋ 1 ＝ ☐

④ 4 ＋ 6 ＝ ☐

⑤ 5 ＋ 5 ＝ ☐

⑥ 2 ＋ 8 ＝ ☐

⑦ 3 ＋ 7 ＝ ☐

27

3 たしざんを しましょう。

1つ4てん【20てん】

① 2 + 4 = ☐

② 3 + 4 = ☐

③ 4 + 3 = ☐

④ 4 + 2 = ☐

⑤ 3 + 3 = ☐

おはじきを つかって
かんがえても いいよ。

4 たしざんを しましょう。

1つ4てん【40てん】

① 6 + 4 = ☐

② 1 + 9 = ☐

③ 3 + 7 = ☐

④ 8 + 2 = ☐

⑤ 4 + 6 = ☐

⑥ 9 + 1 = ☐

⑦ 5 + 5 = ☐

⑧ 2 + 8 = ☐

⑨ 7 + 3 = ☐

⑩ 6 + 4 = ☐

10に なる たしざんも できたね。

こたえ ▶ 89ページ

たしざん (1)

たしざんの れんしゅう①

1 たしざんを しましょう。

1つ2てん【16てん】

① 2 + 2 = ☐

② 1 + 4 = ☐

③ 3 + 1 = ☐

④ 2 + 1 = ☐

⑤ 1 + 2 = ☐

⑥ 4 + 1 = ☐

⑦ 3 + 2 = ☐

⑧ 2 + 3 = ☐

2 たしざんを しましょう。

1つ3てん【24てん】

① 5 + 1 = ☐

② 2 + 5 = ☐

③ 5 + 3 = ☐

④ 1 + 5 = ☐

⑤ 3 + 5 = ☐

⑥ 5 + 4 = ☐

⑦ 4 + 5 = ☐

⑧ 5 + 2 = ☐

3 たしざんを　しましょう。

1つ3てん【24てん】

① $7 + 2 =$

② $2 + 6 =$

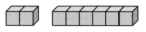

＝も　わすれずに
かこうね。

③ $1 + 8$

④ $6 + 1$

⑤ $7 + 1$

⑥ $3 + 6$

⑦ $1 + 7$

⑧ $6 + 2$

4 たしざんを　しましょう。

①〜④1つ3てん，⑤〜⑩1つ4てん【36てん】

① $3 + 3$

② $4 + 6$

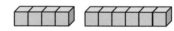

③ $5 + 5$

④ $4 + 3$

⑤ $2 + 4$

⑥ $8 + 2$

⑦ $7 + 3$

⑧ $4 + 4$

⑨ $2 + 8$

⑩ $3 + 7$

たしざんは　たのしいね。

こたえ ▶ 90ページ

月　　日

とくてん

てん

14 たしざん (1)

たしざんの　れんしゅう②

1 たしざんを　しましょう。

1つ2てん【16てん】

① 3 + 1 = ☐　　② 2 + 3 = ☐

③ 1 + 4 = ☐　　④ 2 + 2 = ☐

⑤ 5 + 3 = ☐　　⑥ 4 + 5 = ☐

⑦ 4 + 2 = ☐　　⑧ 3 + 4 = ☐

2 たしざんを　しましょう。

1つ2てん【16てん】

① 6 + 2 = ☐　　② 5 + 5 = ☐

③ 7 + 1 = ☐　　④ 6 + 3 = ☐

⑤ 9 + 1 = ☐　　⑥ 2 + 7 = ☐

⑦ 8 + 2 = ☐

⑧ 3 + 7 = ☐

まちがえても
やりなおせば
いいんだよ。

3 たしざんを しましょう。 ①〜④1つ2てん，⑤〜㉔1つ3てん【68てん】

① $4 + 1$

② $5 + 4$

③ $1 + 1$

④ $3 + 3$

⑤ $5 + 1$

⑥ $1 + 2$

⑦ $2 + 4$

⑧ $3 + 2$

⑨ $5 + 2$

⑩ $4 + 4$

⑪ $1 + 5$

⑫ $4 + 3$

⑬ $3 + 5$

⑭ $6 + 1$

⑮ $1 + 9$

⑯ $2 + 6$

⑰ $8 + 1$

⑱ $7 + 3$

⑲ $1 + 6$

⑳ $2 + 8$

㉑ $1 + 7$

㉒ $3 + 6$

㉓ $7 + 2$

㉔ $4 + 6$

すごく がんばったね。えらいよ。

こたえ ▶ 90ページ

15 たしざん (1)
たしざんの　れんしゅう③

月　　日

とくてん

10ぷん

てん

1 たしざんを　しましょう。

1つ2てん【32てん】

① 2 + 1 =

② 5 + 2 =

③ 1 + 4 =

④ 3 + 5 =

⑤ 1 + 6 =

⑥ 5 + 4 =

⑦ 5 + 1 =

⑧ 2 + 7 =

⑨ 1 + 3 =

⑩ 6 + 2 =

⑪ 4 + 1 =

⑫ 3 + 3 =

⑬ 1 + 7 =

⑭ 4 + 2 =

⑮ 8 + 2 =

⑯ 6 + 3 =

この　ちょうしで
うらも
がんばろう！

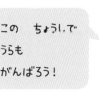

2 たしざんを しましょう。

①〜④1つ2てん，⑤〜㉔1つ3てん【68てん】

① 2 + 2

② 1 + 5

③ 3 + 1

④ 2 + 6

⑤ 7 + 2

⑥ 1 + 8

⑦ 4 + 5

⑧ 2 + 3

⑨ 6 + 1

⑩ 5 + 3

⑪ 8 + 1

⑫ 7 + 3

⑬ 3 + 6

⑭ 4 + 3

⑮ 3 + 2

⑯ 4 + 4

⑰ 9 + 1

⑱ 2 + 4

⑲ 6 + 4

⑳ 1 + 9

㉑ 2 + 8

㉒ 7 + 1

㉓ 3 + 7

㉔ 3 + 4

たしざんは おもしろいよね。

こたえ ▶ 90ページ

34

たしざんの　れんしゅう④

1 たしざんを　しましょう。

1つ2てん【34てん】

① 1 + 3 =

② 2 + 2 =

③ 3 + 2 =

④ 1 + 7 =

⑤ 5 + 1 =

⑥ 2 + 5 =

⑦ 7 + 2 =

⑧ 6 + 1 =

⑨ 2 + 6 =

⑩ 5 + 3 =

⑪ 4 + 2 =

⑫ 8 + 2 =

⑬ 3 + 6 =

⑭ 2 + 7 =

⑮ 1 + 9 =

⑯ 4 + 6 =

⑰ 3 + 4 =

がんばれ！

2 たしざんを しましょう。

① 1 + 2　　　　② 3 + 1

③ 2 + 3　　　　④ 3 + 5

⑤ 2 + 1　　　　⑥ 1 + 4

⑦ 4 + 4　　　　⑧ 5 + 2

⑨ 1 + 5　　　　⑩ 7 + 1

⑪ 4 + 5　　　　⑫ 7 + 3

⑬ 2 + 4　　　　⑭ 1 + 6

⑮ 8 + 1　　　　⑯ 4 + 1

⑰ 5 + 4　　　　⑱ 1 + 8

⑲ 6 + 4　　　　⑳ 6 + 2

㉑ 9 + 1　　　　㉒ 2 + 8

㉓ 4 + 3　　　　㉔ 6 + 3

よく がんばったね。つぎは パズルだよ！

こたえ ▶ 90ページ

［たしざんで　しよう］

1 たしざんの　こたえが　10，9，8，…と，1ずつ
ちいさく　なる　へやを　さがして　すすみましょう。
の　へやを　とおらないで　でぐちまで　いけるかな？

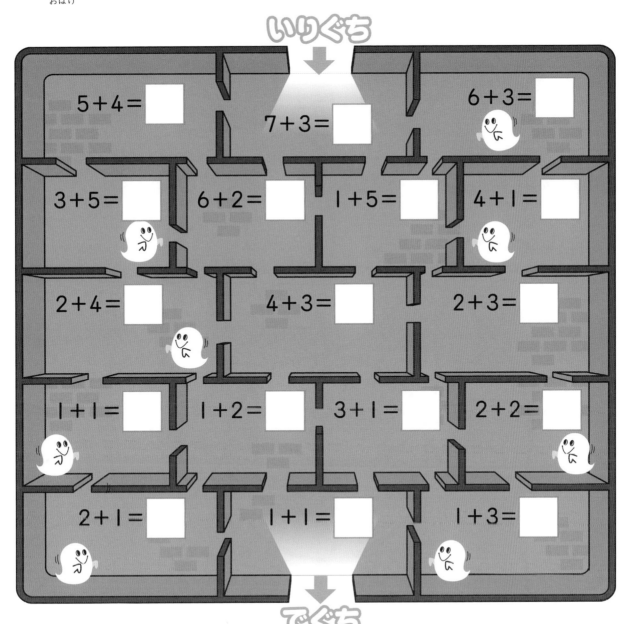

2 たしざんの　こたえが　7の　ところに　あおいろを，9の
ところに　ちゃいろを　ぬりましょう。なにが　でて
くるかな？

こたえ ▶ 91ページ

1 いちごは あわせて いくつですか。

1つ3てん【12てん】

① 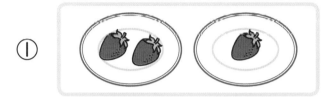 ➡ $2 + 1 =$ □

② 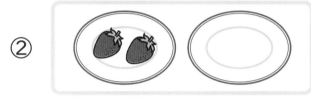 ➡ $2 + 0 =$ □

③  ➡ $0 + 3 =$ □

④  ➡ $0 + 0 =$ □

ひとつも ない ときは
0だね。

2 たしざんを しましょう。

1つ3てん【6てん】

① $3 + 0 =$ □　　② $0 + 4 =$ □

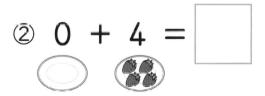

39

3 たしざんを しましょう。

① $4 + 0 =$ ☐

② $0 + 2 =$ ☐

③ $0 + 5 =$ ☐

④ $7 + 0 =$ ☐

⑤ $8 + 0 =$ ☐

⑥ $0 + 9 =$ ☐

⑦ $0 + 6 =$ ☐

⑧ $0 + 0 =$ ☐

4 たしざんを しましょう。

1つ5てん【50てん】

① $0 + 4$

② $1 + 0$

③ $2 + 0$

④ $0 + 3$

⑤ $0 + 8$

⑥ $6 + 0$

⑦ $9 + 0$

⑧ $0 + 7$

⑨ $5 + 0$

⑩ $0 + 1$

0の たしざんは かんたんかな？

こたえ ▶ 91ページ

10と　いくつ

1 ☐の　かずを　すうじで　かきましょう。　1つ3てん【30てん】

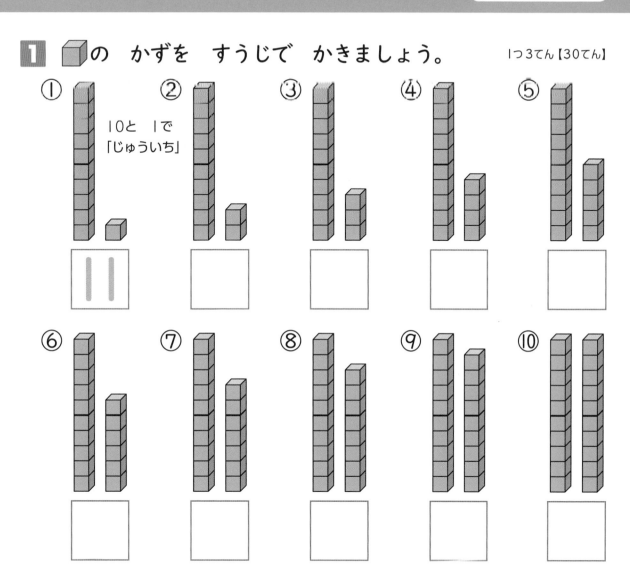

① 10と　1で
「じゅういち」　11

②　③　④　⑤

⑥　⑦　⑧　⑨　⑩

2 かずを　すうじで　かきましょう。　1つ3てん【6てん】

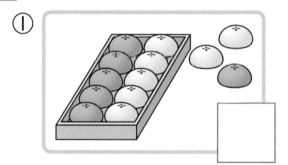

①

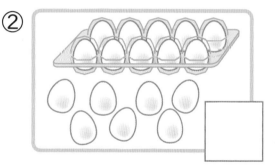

②

41

3 □に かずを かきましょう。

① 10と 2で 12 ② 10と 5で □

③ 10と 7で □ ④ 10と 1で □

⑤ 10と 3で □ ⑥ 10と 6で □

⑦ 10と 8で □

⑧は、
10が 2つだね。

⑧ 10と 10で □

4 □に かずを かきましょう。

① 11は 10と 1 ② 13は 10と □

③ 16は 10と □ ④ 15は 10と □

⑤ 12は 10と □ ⑥ 18は □ と 8

⑦ 19は 10と □ ⑧ 14は □ と 4

 20までの かずが わかったね。

42

1 かずの　せんを　みて，□に　かずを　かきましょう。

1つ4てん【12てん】

① 10より　2　おおきい　かず……　12

0 1 2 3 4 5 6 7 8 9 10 11 12 13 14 15 16 17 18 19 20

② 13より　3　おおきい　かず……　□

0 1 2 3 4 5 6 7 8 9 10 11 12 13 14 15 16 17 18 19 20

③ 16より　3　ちいさい　かず……　□

0 1 2 3 4 5 6 7 8 9 10 11 12 13 14 15 16 17 18 19 20

2 □に　かずを　かきましょう。

1つ5てん【15てん】

① 11より　2　おおきい　かず……　□

② 14より　3　おおきい　かず……　□

③ 17より　2　ちいさい　かず……　□

3 □に かずを かきましょう。

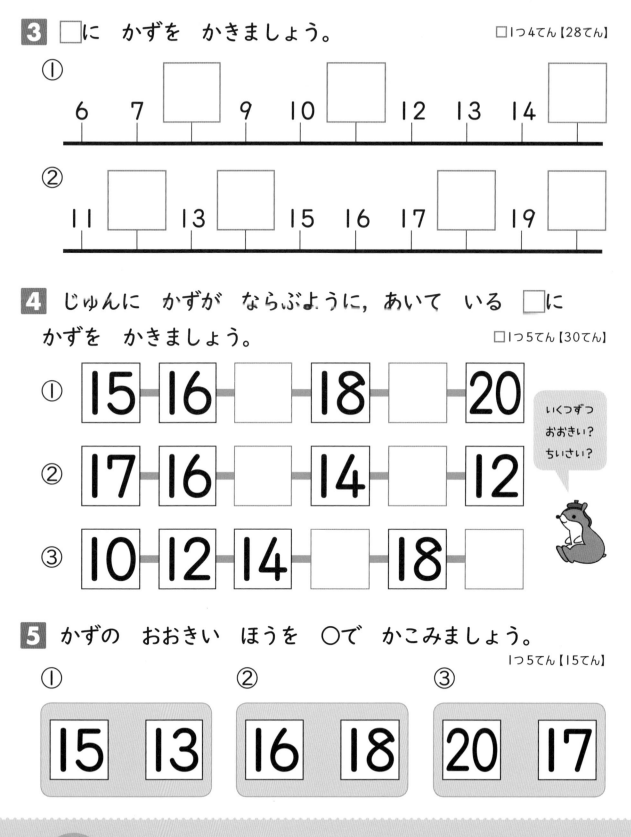

□1つ4てん【28てん】

① 6　7　□　9　10　□　12　13　14　□

② □　11　□　13　□　15　16　17　□　19　□

4 じゅんに かずが ならぶように，あいて いる □に かずを かきましょう。

□1つ5てん【30てん】

① 15　16　□　18　□　20

② 17　16　□　14　□　12

③ 10　12　14　□　18　□

いくつずつ
おおきい?
ちいさい?

5 かずの おおきい ほうを ○で かこみましょう。

1つ5てん【15てん】

① 15　13

② 16　18

③ 20　17

はんぶんまで きたよ。のこりも がんばろう！

こたえ ▶ 91ページ

月　日　10ぷん

とくてん

てん

1 □に かずを かきましょう。　　1つ2てん【20てん】

① 10と 3で

② 10と 1で

③ 10と 7で

④ 10と 4で

⑤ 10と 5で

⑥ 10と 2で

⑦ 10と 8で

⑧ 10と 6で

⑨ 10と 10で

⑩ 10と 9で

2 □に かずを かきましょう。　　1つ2てん【12てん】

① 14は 10と

② 15は 10と

③ 19は 10と

④ 11は 10と

⑤ 13は 10と

⑥ 17は 10と

10いくつは、
10と いくつに
わけられるね。

45

3 □に かずを かきましょう。

□1つ3てん【24てん】

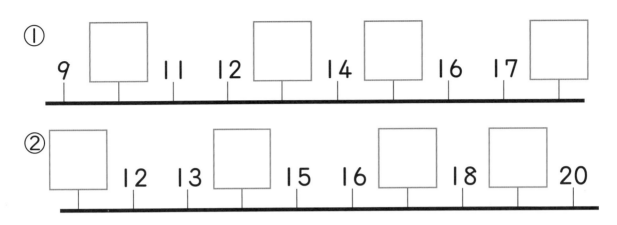

① 9 [ ] 11 12 [ ] 14 [ ] 16 17 [ ]

② [ ] 12 13 [ ] 15 16 [ ] 18 [ ] 20

4 じゅんに かずが ならぶように, あいて いる □に
かずを かきましょう。

□1つ4てん【24てん】

① 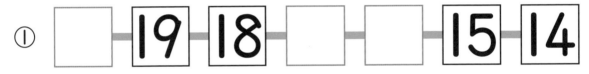 [ ] 19 18 [ ] [ ] 15 14

②  6 8 10 [ ] 14 [ ] [ ]

5 かずの おおきい ほうを ○で かこみましょう。

1つ5てん【20てん】

① 12 15   ② 19 16

③ 14 13   ④ 18 20

20までの かずは かんぺき！

こたえ ▶ 92ページ

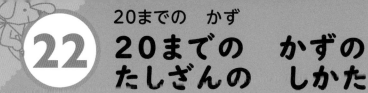

月　　日

とくてん

てん

10ぷん

1 ⬜ を　みて，たしざんを　しましょう。

1つ2てん【6てん】

① 10 + 2 = ⬜

10と　2で　12。

10と　いくつで けいさんできるね。

② 10 + 4 = ⬜　　③ 10 + 7 = ⬜

2 ⬜ を　みて，たしざんを　しましょう。

1つ4てん【20てん】

① 12 + 3 = ⬜

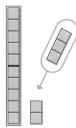

❶ 12は　10と　2。
❷ 2と　3で　5。
❸ 10と　5で　15。

② 15 + 1 = ⬜　　③ 11 + 6 = ⬜

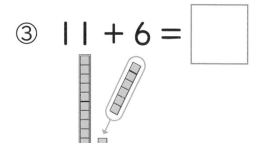

④ 14 + 3 = ⬜　　⑤ 13 + 5 = ⬜

47

3 たしざんを　しましょう。 1つ4てん【24てん】

① 10 + 5

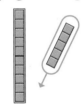

② 10 + 3

③ 10 + 1

④ 10 + 6

⑤ 10 + 8

⑥ 10 + 10

4 たしざんを　しましょう。 1つ5てん【50てん】

① 13 + 3

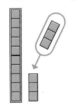

② 15 + 4

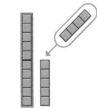

③ 11 + 7

④ 14 + 2

⑤ 12 + 2

⑥ 14 + 4

⑦ 13 + 2

⑧ 15 + 2

⑨ 16 + 3

⑩ 13 + 4

この　ちょうしで　がんばろう！

こたえ ▶ 92ページ

20までの　かずの　たしざんの　れんしゅう

月　日　10ぷん
とくてん
てん

1 たしざんを　しましょう。　1つ2てん【12てん】

① 10 + 3 = ☐　② 10 + 6 = ☐

③ 10 + 5 = ☐　④ 10 + 9 = ☐

⑤ 10 + 7 = ☐　⑥ 10 + 10 = ☐

2 たしざんを　しましょう。　1つ3てん【24てん】

① 12 + 4 = ☐　② 17 + 1 = ☐

③ 11 + 5 = ☐　④ 12 + 5 = ☐

⑤ 14 + 1 = ☐　⑥ 16 + 1 = ☐

⑦ 14 + 3 = ☐

⑧ 12 + 7 = ☐

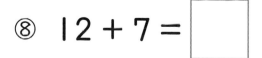

どれも，
10と　いくつで
けいさんできるね。

49

3 たしざんを しましょう。

①〜⑯1つ3てん，⑰〜⑳1つ4てん【64てん】

① 11 + 1

② 15 + 2

③ 11 + 4

④ 11 + 3

⑤ 10 + 4

⑥ 15 + 4

⑦ 12 + 3

⑧ 16 + 2

⑨ 15 + 3

⑩ 13 + 2

⑪ 12 + 1

⑫ 10 + 2

⑬ 11 + 8

⑭ 13 + 6

⑮ 18 + 1

⑯ 10 + 8

⑰ 14 + 5

⑱ 12 + 6

⑲ 13 + 4

⑳ 17 + 2

20までの たしざんが できたね。

こたえ ▶ 92ページ

24 3つの かずの たしざん

3つの かずの たしざんの しかた①

月　日　10ぷん

とくてん

てん

---

1 たしざんを しましょう。

1つ3てん【39てん】

① 2+3+2 = ☐

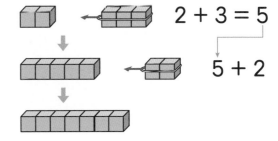

2 + 3 = 5

5 + 2

まえから じゅんに けいさんするよ。

② 1+2+3 = ☐

③ 3+2+4 = ☐

④ 2+4+3 = ☐

⑤ 1+3+2 = ☐

⑥ 2+2+1 = ☐

⑦ 4+2+2 = ☐

⑧ 2+1+5 = ☐

⑨ 1+3+3 = ☐

⑩ 4+1+5 = ☐

⑪ 4+4+2 = ☐

⑫ 1+2+7 = ☐

⑬ 3+3+4 = ☐

2 たしざんを しましょう。

①〜③1つ3てん，④〜⑯1つ4てん【61てん】

① 2 + 1 + 3

② 1 + 2 + 4

③ 2 + 1 + 2

④ 3 + 2 + 3

⑤ 3 + 2 + 5

⑥ 1 + 1 + 4

⑦ 2 + 2 + 5

⑧ 1 + 1 + 8

⑨ 3 + 1 + 4

⑩ 6 + 1 + 2

⑪ 3 + 4 + 3

⑫ 1 + 1 + 6

⑬ 2 + 2 + 6

⑭ 3 + 4 + 1

⑮ 1 + 3 + 4

⑯ 7 + 2 + 1

すごいよ！ がんばったね。

こたえ ▶ 92ページ

25

3つの　かずの　たしざん

3つの　かずの
たしざんの　しかた②

月　　日

とくてん

てん

1 たしざんを　しましょう。

1つ3てん【39てん】

① 7+3+2 = ☐

7+3=10

10+2

まえから　じゅんに
けいさんするよ。

② 6+4+1 = ☐　③ 5+5+3 = ☐

④ 1+9+5 = ☐　⑤ 3+7+4 = ☐

⑥ 8+2+3 = ☐　⑦ 4+6+6 = ☐

⑧ 9+1+1 = ☐　⑨ 2+8+5 = ☐

⑩ 7+3+8 = ☐　⑪ 6+4+7 = ☐

⑫ 1+9+4 = ☐　⑬ 5+5+9 = ☐

2 たしざんを　しましょう。

①〜③1つ3てん, ④〜⑯1つ4てん【61てん】

① 5＋5＋2

② 8＋2＋4

③ 9＋1＋3

④ 3＋7＋1

⑤ 2＋8＋6

⑥ 1＋9＋8

⑦ 4＋6＋7

⑧ 7＋3＋4

⑨ 8＋2＋5

⑩ 6＋4＋6

⑪ 9＋1＋7

⑫ 3＋7＋5

⑬ 6＋4＋8

⑭ 7＋3＋1

⑮ 2＋8＋9

⑯ 4＋6＋3

3つの　かずの　けいさんが　できたね。

こたえ ▶ 92ページ

26 3つの　かずの　たしざんの　れんしゅう

月　日　10ぷん
とくてん
てん

1 たしざんを　しましょう。

1つ2てん【16てん】

① 3＋1＋2＝ ☐　　② 2＋4＋2＝ ☐

③ 6＋2＋1＝ ☐　　④ 2＋2＋3＝ ☐

⑤ 3＋3＋3＝ ☐　　⑥ 2＋6＋2＝ ☐

⑦ 4＋2＋4＝ ☐　　⑧ 6＋3＋1＝ ☐

2 たしざんを　しましょう。

1つ3てん【24てん】

① 8＋2＋1＝ ☐　　② 5＋5＋5＝ ☐

③ 9＋1＋4＝ ☐　　④ 2＋8＋3＝ ☐

⑤ 4＋6＋2＝ ☐　　⑥ 7＋3＋7＝ ☐

⑦ 3＋7＋8＝ ☐　　⑧ 6＋4＋9＝ ☐

3 たしざんを　しましょう。

①〜⑫1つ3てん，⑬〜⑱1つ4てん【60てん】

① 1 + 3 + 2

② 4 + 2 + 4

③ 1 + 9 + 2

④ 5 + 1 + 3

⑤ 4 + 1 + 2

⑥ 2 + 8 + 1

⑦ 9 + 1 + 8

⑧ 4 + 1 + 4

⑨ 5 + 2 + 3

⑩ 2 + 5 + 1

⑪ 1 + 4 + 3

⑫ 3 + 7 + 3

⑬ 4 + 6 + 4

⑭ 6 + 2 + 2

⑮ 5 + 5 + 6

⑯ 6 + 4 + 5

⑰ 5 + 4 + 1

⑱ 8 + 2 + 7

まえから　じゅんに
たして　いるかな。

よく　がんばったね。えらいよ！

こたえ ▶ 93ページ

月　日　10ぷん
とくてん　　　　てん

1 を　みて，たしざんを　しましょう。

1つ5てん【40てん】

① 9 + 3 = ☐　　10を　つくって　けいさんします。

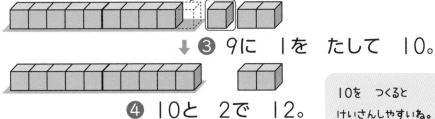

9 + 3

❶ 9は　あと　1で　10。
❷ 3を　1と　2に　わける。
❸ 9に　1を　たして　10。
④ 10と　2で　12。

10を　つくると
けいさんしやすいね。

② 9 + 4 = ☐

③ 9 + 6 = ☐

④ 9 + 2 = ☐

⑤ 9 + 7 = ☐

⑥ 9 + 5 = ☐

⑦ 9 + 8 = ☐

⑧ 9 + 9 = ☐

うらも　がんばって！

2 を みて，たしざんを しましょう。

① 8 + 3 = ☐　10を つくって けいさんします。

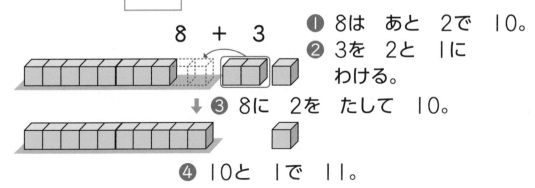

❶ 8は あと 2で 10。
❷ 3を 2と 1に わける。
❸ 8に 2を たして 10。
❹ 10と 1で 11。

② 8 + 5 = ☐

③ 8 + 7 = ☐

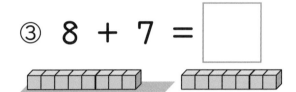

3 たしざんを しましょう。

① 8 + 4　　② 8 + 6

③ 8 + 8　　④ 8 + 9

⑤ 9 + 2　　⑥ 9 + 6

⑦ 9 + 5　　⑧ 9 + 8

けいさんの しかたが わかったかな？

こたえ ▶ 93ページ

28 たしざん (2)

くり上がりの ある
たしざんの しかた②

月　日

とくてん

てん

1 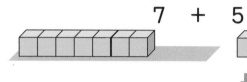を みて，たしざんを しましょう。　1つ3てん【9てん】

① 7 + 5 = ☐　10を つくって けいさんします。

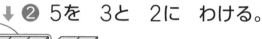

❶ 7は あと 3で 10。

❷ 5を 3と 2に わける。

❸ 7に 3を たして 10。

❹ 10と 2で 12。

② 7 + 6 = ☐

③ 7 + 4 = ☐

2 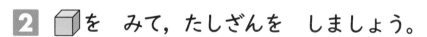を みて，たしざんを しましょう。　1つ3てん【9てん】

① 6 + 5 = ☐

6は あと 4で 10
だから，5を 4と 1に
わけて…。

② 6 + 6 = ☐

③ 6 + 7 = ☐

59

3 たしざんを しましょう。

1つ4てん【32てん】

① 7 + 4　　② 7 + 7

③ 7 + 9　　④ 7 + 8

⑤ 6 + 5　　⑥ 6 + 9

⑦ 6 + 8　　⑧ 6 + 7

4 たしざんを しましょう。

1つ5てん【50てん】

① 9 + 3　　② 8 + 5

③ 7 + 5　　④ 9 + 4

⑤ 8 + 4　　⑥ 6 + 6

⑦ 7 + 6　　⑧ 8 + 7

⑨ 9 + 7　　⑩ 9 + 5

たくさん　たしざんが　できたね。

こたえ ▶ 93ページ

たしざん (2)

くり上がりの　ある　たしざんの　しかた③

月　日

1 ◻を　みて，たしざんを　しましょう。①2てん，②〜⑦1つ3てん【20てん】

① 3 + 9 = ◻　　あ，いの　どちらで　かんがえても
よいです。

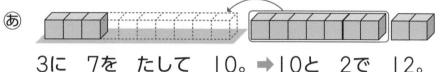

あ 3に　7を　たして　10。➡10と　2で　12。

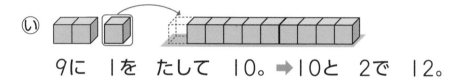

い 9に　1を　たして　10。➡10と　2で　12。

どちらも
10と　2に
なるね。

② 2 + 9 = ◻

③ 3 + 8 = ◻

④ 5 + 7 = ◻

⑤ 4 + 7 = ◻

⑥ 4 + 8 = ◻

⑦ 5 + 6 = ◻

2 たしざんを しましょう。

1つ4てん【80てん】

① 4 + 9

② 5 + 8

③ 6 + 9

④ 4 + 7

⑤ 6 + 7

⑥ 5 + 9

⑦ 3 + 8

⑧ 6 + 8

⑨ 7 + 9

⑩ 4 + 8

⑪ 5 + 7

⑫ 3 + 9

⑬ 8 + 9

⑭ 2 + 9

⑮ 7 + 8

⑯ 6 + 6

⑰ 5 + 6

⑱ 8 + 8

⑲ 9 + 9

⑳ 7 + 7

たしざんめいじんに なれるよ。

こたえ ▶ 93ページ

月　　日

とくてん

てん

10ぷん

1 たしざんを　しましょう。

1つ2てん【16てん】

① 8 ＋ 6 ＝

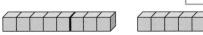

② 9 ＋ 4 ＝

③ 9 ＋ 7 ＝

④ 8 ＋ 5 ＝

⑤ 6 ＋ 5 ＝

⑥ 9 ＋ 3 ＝

⑦ 7 ＋ 6 ＝

⑧ 8 ＋ 7 ＝

2 たしざんを　しましょう。

1つ3てん【18てん】

① 4 ＋ 8 ＝

② 5 ＋ 7 ＝

③ 3 ＋ 8 ＝

④ 2 ＋ 9 ＝

⑤ 5 ＋ 6 ＝

10を　つくって
けいさんしよう。

⑥ 6 ＋ 7 ＝

3 たしざんを しましょう。

①〜⑭1つ3てん，⑮〜⑳1つ4てん【66てん】

① 9 ＋ 2

② 7 ＋ 5

③ 4 ＋ 7

④ 5 ＋ 8

⑤ 9 ＋ 6

⑥ 3 ＋ 9

⑦ 7 ＋ 9

⑧ 6 ＋ 6

⑨ 8 ＋ 3

⑩ 9 ＋ 5

⑪ 4 ＋ 9

⑫ 8 ＋ 4

⑬ 9 ＋ 8

⑭ 7 ＋ 7

⑮ 9 ＋ 9

⑯ 6 ＋ 9

⑰ 7 ＋ 4

⑱ 8 ＋ 8

⑲ 6 ＋ 8

⑳ 8 ＋ 9

よく できました。えらいよ！

こたえ ▶ 94ページ

31 たしざん (2)
くり上がりの　ある
たしざんの　れんしゅう②

月　　日　**10**ぷん
とくてん

てん

1 たしざんを　しましょう。

1つ2てん【16てん】

① 9 ＋ 2 ＝ ☐

② 7 ＋ 4 ＝ ☐

③ 8 ＋ 4 ＝ ☐　　④ 9 ＋ 6 ＝ ☐

⑤ 7 ＋ 5 ＝ ☐　　⑥ 8 ＋ 3 ＝ ☐

⑦ 9 ＋ 5 ＝ ☐　　⑧ 9 ＋ 8 ＝ ☐

2 たしざんを　しましょう。

1つ3てん【18てん】

① 3 ＋ 9 ＝ ☐

② 4 ＋ 7 ＝ ☐

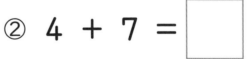

③ 5 ＋ 8 ＝ ☐　　④ 6 ＋ 9 ＝ ☐

⑤ 7 ＋ 9 ＝ ☐

どちらで　10を
つくろうかなあ。

⑥ 3 ＋ 8 ＝ ☐

3 たしざんを しましょう。

①〜⑭1つ3てん，⑮〜⑳1つ4てん【66てん】

① $8 + 5$　　② $6 + 6$

③ $7 + 7$　　④ $9 + 3$

⑤ $6 + 5$　　⑥ $8 + 9$

⑦ $5 + 7$　　⑧ $8 + 6$

⑨ $9 + 4$　　⑩ $7 + 8$

⑪ $6 + 7$　　⑫ $8 + 8$

⑬ $4 + 8$　　⑭ $9 + 7$

⑮ $7 + 6$　　⑯ $5 + 6$

⑰ $9 + 9$　　⑱ $2 + 9$

⑲ $5 + 9$　　⑳ $8 + 7$

この ちょうしで がんばろう！

こたえ ▶ 94ページ

くり上がりの　ある たしざんの　れんしゅう③

1 たしざんを　しましょう。

1つ2てん【40てん】

① 5 + 6 =

② 8 + 3 =

③ 2 + 9 =

④ 7 + 6 =

⑤ 6 + 8 =

⑥ 9 + 2 =

⑦ 8 + 5 =

⑧ 7 + 9 =

⑨ 9 + 6 =

⑩ 5 + 7 =

⑪ 8 + 8 =

⑫ 9 + 4 =

⑬ 6 + 7 =

⑭ 5 + 8 =

⑮ 9 + 9 =

⑯ 7 + 4 =

⑰ 3 + 8 =

⑱ 9 + 7 =

⑲ 7 + 8 =

⑳ 6 + 9 =

2 たしざんを しましょう。

①〜⑥1つ2てん，⑦〜㉒1つ3てん【60てん】

① $9 + 5$

② $6 + 6$

③ $9 + 2$

④ $4 + 7$

⑤ $5 + 8$

⑥ $8 + 4$

⑦ $3 + 9$

⑧ $5 + 6$

⑨ $7 + 5$

⑩ $8 + 6$

⑪ $2 + 9$

⑫ $9 + 3$

⑬ $4 + 8$

⑭ $6 + 5$

⑮ $8 + 3$

⑯ $8 + 9$

⑰ $5 + 9$

⑱ $6 + 8$

⑲ $7 + 7$

⑳ $8 + 5$

㉑ $8 + 7$

㉒ $7 + 8$

まちがえた たしざんは，
やりなおして おこうね。

たしざんが たくさん できたね！

こたえ ▶ 94ページ

1 たしざんを　しましょう。

1つ2てん【36てん】

① 9 + 4 =

② 8 + 5 =

③ 7 + 4 =

④ 9 + 3 =

⑤ 8 + 6 =

⑥ 2 + 9 =

⑦ 6 + 6 =

⑧ 4 + 7 =

⑨ 7 + 6 =

⑩ 3 + 8 =

⑪ 9 + 2 =

⑫ 9 + 7 =

⑬ 6 + 8 =

⑭ 5 + 6 =

⑮ 8 + 3 =

⑯ 5 + 9 =

⑰ 9 + 6 =

⑱ 8 + 9 =

この　ちょうしで
うらも　がんばろう！

2 たしざんを しましょう。

①〜⑧1つ2てん, ⑨〜㉔1つ3てん【64てん】

① $8 + 4$ ② $3 + 9$

③ $8 + 7$ ④ $9 + 5$

⑤ $9 + 4$ ⑥ $5 + 8$

⑦ $8 + 9$ ⑧ $7 + 5$

⑨ $9 + 3$ ⑩ $6 + 5$

⑪ $7 + 8$ ⑫ $9 + 7$

⑬ $8 + 8$ ⑭ $5 + 9$

⑮ $7 + 9$ ⑯ $6 + 7$

⑰ $5 + 7$ ⑱ $2 + 9$

⑲ $4 + 9$ ⑳ $9 + 8$

㉑ $7 + 7$ ㉒ $6 + 9$

㉓ $8 + 6$ ㉔ $9 + 9$

よく できました。おつかれさま！

こたえ ▶ 94ページ

100までの かず

1 ぼうの かずを すうじで かきましょう。　1つ4てん【16てん】

①  10が 4こで 40。
40と 5で 45。

②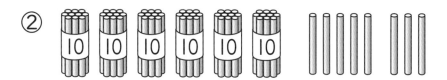

③

④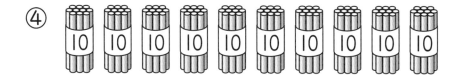

10が 10こで 100だね。

2 かずを すうじで かきましょう。　1つ6てん【12てん】

①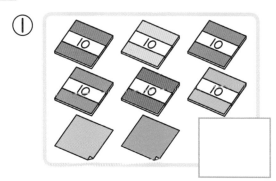

②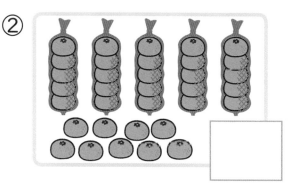

71

3 □に かずを かきましょう。　　1つ6てん【42てん】

① 40と　2で　□

② 70と　6で　□

③ 50と　9で　□

④ 90と　7で　□

⑤ 10が　6こと　1が　3こで　□

⑥ 10が　8こと　1が　5こで　□

「なん＋なに」は，
2つの　すうじを
ならべて　かくよ。

⑦ 10が　10こで　□

4 □に かずを かきましょう。　　1つ5てん【30てん】

① 32は，30と　□

② 53は，50と　□

③ 48は，□と　8

④ 81は，□と　1

⑤ 62は，10が　□こと　1が　□こ

⑥ 94は，10が　□こと　1が　□こ

100までの　かずが　わかったね。

こたえ ▶ 95ページ

大きな かずの たしざん
なん十の たしざんの しかた

1 たしざんを しましょう。

①〜③1つ2てん，④〜⑪1つ3てん【30てん】

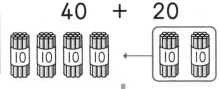

① 40 + 20 =

10が なんこに なるかな？

10が 6こで 60。

② 40 + 10 =　　　③ 50 + 50 =

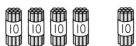

④ 50 + 30 =　　　⑤ 10 + 40 =

⑥ 30 + 20 =　　　⑦ 60 + 10 =

⑧ 10 + 50 =　　　⑨ 40 + 30 =

⑩ 20 + 70 =　　　⑪ 60 + 30 =

2 たしざんを しましょう。

①〜⑩1つ3てん, ⑪〜⑳1つ4てん【70てん】

① 30 + 40

② 50 + 10

③ 50 + 20

④ 10 + 60

⑤ 40 + 40

⑥ 60 + 20

⑦ 20 + 30

⑧ 50 + 40

⑨ 20 + 60

⑩ 30 + 30

⑪ 70 + 10

⑫ 20 + 50

⑬ 20 + 40

⑭ 80 + 10

⑮ 70 + 20

⑯ 30 + 50

⑰ 90 + 10

⑱ 80 + 20

⑲ 70 + 30

⑳ 40 + 60

よく がんばったね。すごいよ！

こたえ ▶ 95ページ

月　　日

とくてん

てん

1 たしざんを　しましょう。

1つ2てん【32てん】

① 40 + 10 = ☐

② 20 + 20 = ☐

③ 30 + 40 = ☐

④ 70 + 20 = ☐

⑤ 60 + 10 = ☐

⑥ 40 + 50 = ☐

⑦ 10 + 80 = ☐

⑧ 60 + 40 = ☐

⑨ 90 + 10 = ☐

⑩ 30 + 60 = ☐

⑪ 50 + 20 = ☐

⑫ 20 + 40 = ☐

⑬ 60 + 20 = ☐

⑭ 10 + 90 = ☐

⑮ 10 + 70 = ☐

⑯ 20 + 60 = ☐

10が　なんこか
かんがえれば、
かんたんだね。

2 たしざんを　しましょう。

①〜④1つ2てん，⑤〜㉔1つ3てん【68てん】

① 10 ＋ 40

② 30 ＋ 10

③ 20 ＋ 30

④ 10 ＋ 20

⑤ 50 ＋ 10

⑥ 30 ＋ 20

⑦ 20 ＋ 50

⑧ 30 ＋ 30

⑨ 50 ＋ 30

⑩ 10 ＋ 60

⑪ 80 ＋ 10

⑫ 40 ＋ 40

⑬ 70 ＋ 30

⑭ 30 ＋ 50

⑮ 20 ＋ 80

⑯ 40 ＋ 30

⑰ 50 ＋ 40

⑱ 70 ＋ 10

⑲ 40 ＋ 20

⑳ 50 ＋ 50

㉑ 30 ＋ 70

㉒ 60 ＋ 30

㉓ 40 ＋ 60

㉔ 20 ＋ 70

なん十の　たしざんが　できたね。

こたえ ▶95ページ

37 大きな　かずの　たしざん
100までの　かずの
たしざんの　しかた

1 たしざんを　しましょう。

①2てん, ②〜③1つ3てん【8てん】

① 20 + 5 = ☐

20 ＋ 5

20と　5で　25。

なん十と　いくつで
けいさんできるね。

② 40 + 7 = ☐　　③ 50 + 8 = ☐

2 たしざんを　しましょう。

1つ4てん【20てん】

① 23 + 2 = ☐

23 ＋ 2
23は　20と　3。
3と　2で　5。
20と　5で　25。

② 41 + 2 = ☐

③ 35 + 3 = ☐

④ 63 + 4 = ☐

⑤ 76 + 2 = ☐

3 たしざんを　しましょう。

① $30 + 2$　　② $60 + 5$

③ $80 + 4$　　④ $50 + 9$

⑤ $70 + 6$　　⑥ $90 + 1$

4 たしざんを　しましょう。

1つ4てん【48てん】

① $31 + 3$　　② $24 + 2$

③ $72 + 3$　　④ $65 + 2$

⑤ $43 + 3$　　⑥ $51 + 4$

⑦ $76 + 1$　　⑧ $87 + 2$

⑨ $21 + 8$　　⑩ $52 + 7$

⑪ $94 + 4$　　⑫ $46 + 3$

たしざんはかせに　なれそうだね。

こたえ ▶ 95ページ

38 100までの　かずの たしざんの　れんしゅう

月　日　10ぷん

とくてん

てん

1 たしざんを　しましょう。

1つ2てん【12てん】

① 20 + 7 =

② 40 + 1 =

③ 60 + 3 =

④ 30 + 6 =

⑤ 50 + 2 =

⑥ 90 + 5 =

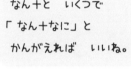

なん十と　いくつで
「なん十＋なに」と
かんがえれば　いいね。

2 たしざんを　しましょう。

1つ2てん【16てん】

① 53 + 1 =

② 32 + 2 =

③ 21 + 6 =

④ 88 + 1 =

⑤ 65 + 4 =

⑥ 43 + 5 =

⑦ 92 + 6 =

⑧ 74 + 3 =

3 たしざんを しましょう。

① 30 + 4

② 45 + 1

③ 23 + 2

④ 80 + 6

⑤ 51 + 5

⑥ 75 + 3

⑦ 40 + 5

⑧ 36 + 2

⑨ 84 + 1

⑩ 63 + 3

⑪ 70 + 3

⑫ 32 + 4

⑬ 92 + 5

⑭ 50 + 7

⑮ 46 + 3

⑯ 27 + 1

⑰ 83 + 6

⑱ 54 + 4

⑲ 60 + 2

⑳ 42 + 7

㉑ 71 + 7

㉒ 90 + 8

㉓ 93 + 4

㉔ 67 + 2

すごく がんばったね。えらいよ！

こたえ ▶ 96ページ

㊴ 大きな　かずの　たしざんの　れんしゅう

月　　日　10ぷん

とくてん

てん

1 たしざんを　しましょう。

１つ2てん【40てん】

① 50 + 10 =

② 20 + 20 =

③ 10 + 40 =

④ 50 + 30 =

⑤ 70 + 30 =

⑥ 40 + 20 =

⑦ 20 + 70 =

⑧ 40 + 60 =

⑨ 50 + 4 =

⑩ 70 + 2 =

⑪ 90 + 7 =

⑫ 60 + 8 =

⑬ 43 + 2 =

⑭ 65 + 4 =

⑮ 53 + 3 =

⑯ 32 + 5 =

⑰ 22 + 6 =

⑱ 91 + 6 =

⑲ 74 + 3 =

⑳ 87 + 2 =

2 たしざんを しましょう。

①～⑥1つ2てん，⑦～㉒1つ3てん【60てん】

① 40 + 10　　② 60 + 4

③ 21 + 3　　④ 42 + 3

⑤ 50 + 20　　⑥ 40 + 8

⑦ 51 + 8　　⑧ 10 + 70

⑨ 30 + 5　　⑩ 35 + 3

⑪ 20 + 30　　⑫ 80 + 2

⑬ 10 + 90　　⑭ 63 + 5

⑮ 86 + 3　　⑯ 30 + 40

⑰ 20 + 40　　⑱ 54 + 4

⑲ 60 + 40　　⑳ 71 + 5

㉑ 43 + 4

㉒ 20 + 80

まちがえた たしざんは、
やりなおして おこうね。

つぎは パズルで、さいごは まとめテストだよ！

こたえ ▶ 96ページ

1 おなじ こたえの へやを とおりましょう。とおった へやに あった ものは どれかな？ ● と ● を ——せん——で つなぎましょう。

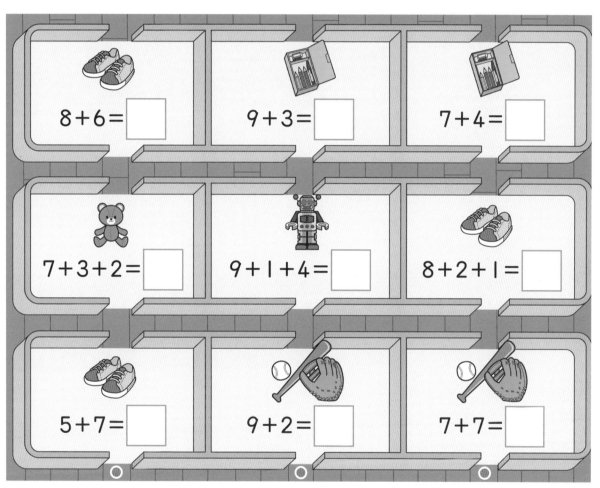

8+6=☐

9+3=☐

7+4=☐

7+3+2=☐

9+1+4=☐

8+2+1=☐

5+7=☐

9+2=☐

7+7=☐

2 おなじ こたえの へやを とおりましょう。とおった
へやに いた どうぶつは どれかな？ ●と ●を —— せん で
つなぎましょう。

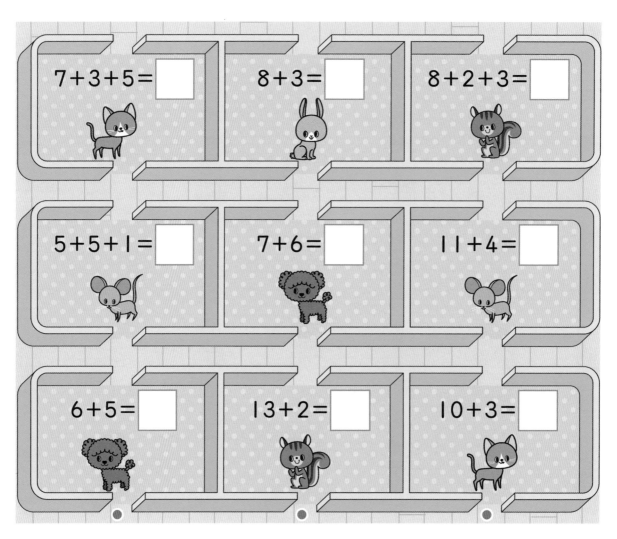

$7+3+5=\square$
$8+3=\square$
$8+2+3=\square$
$5+5+1=\square$
$7+6=\square$
$11+4=\square$
$6+5=\square$
$13+2=\square$
$10+3=\square$

こたえ ▶ 96ページ

1 たしざんを　しましょう。　　　　　　1つ2てん【16てん】

① 2 + 3　　　　　② 4 + 2

③ 1 + 0　　　　　④ 0 + 9

⑤ 10 + 8　　　　⑥ 10 + 1

⑦ 16 + 1　　　　⑧ 15 + 3

2 たしざんを　しましょう。　　　　　　1つ2てん【8てん】

① 4 + 1 + 2　　　② 2 + 5 + 3

③ 9 + 1 + 6　　　④ 4 + 6 + 2

3 たしざんを　しましょう。　　　　　　1つ2てん【12てん】

① 9 + 4　　　　　② 3 + 8

③ 8 + 9　　　　　④ 6 + 7

⑤ 4 + 8　　　　　⑥ 7 + 8

4 たしざんを　しましょう。　　　　　　1つ2てん【12てん】

① 30 + 30　　　　② 80 + 20

③ 50 + 6　　　　④ 90 + 2

⑤ 42 + 5　　　　⑥ 76 + 3

5 たしざんを　しましょう。

1つ2てん【52てん】

① 6 + 2

② 10 + 4

③ 2 + 2 + 3

④ 30 + 20

⑤ 13 + 6

⑥ 40 + 7

⑦ 31 + 5

⑧ 2 + 8

⑨ 0 + 5

⑩ 3 + 5 + 2

⑪ 9 + 6

⑫ 17 + 1

⑬ 6 + 4 + 3

⑭ 80 + 4

⑮ 4 + 7

⑯ 0 + 0

⑰ 20 + 60

⑱ 8 + 4

⑲ 10 + 9

⑳ 9 + 9

㉑ 7 + 6

㉒ 5 + 5 + 5

㉓ 57 + 2

㉔ 8 + 7

㉕ 6 + 8

㉖ 30 + 70

こたえ ▶ 96ページ

---

1 1から 5までの かず　5~6ページ

1① 1111
② 2222
③ 3333
④ 4444
⑤ 5555

2① ●●●○○
② ●●●●○
③ ●●●●●

3①（交差線）
②（交差線）
③（交差線）

4①4　②2
③3　④5

5①（ちょうちょ）
②（あり）
③（はっぱ）
④（花）

！アドバイス　1から5までの数の学習です。具体物（動物，食べ物，文具など）と数図（数を●で表した図），数字の関係をつかませましょう。

---

2 6から 10までの かず　7~8ページ

1① 666
② 7777
③ 8888
④ 9999
⑤ 10101010

2① ●●●●●／●●○○○
② ●●●●●／●●●●●

3（交差線）

4①6　②8
③7　④9
⑤10

！アドバイス　6から10までの数の学習です。数が多くなると，数えまちがいが多くなります。印をつけながら数えさせるとよいです。

---

3 おおきさくらべ・ならびかた・0(れい)　9~10ページ

1①（○）（　）
②（　）（○）

2①5に○
②7に○
③9に○
④10に○

3左から
1, 2, 3, 4,
5, 6, 7, 8,
9, 10

4①7　②9
③左から
3, 5
④左から
6, 8, 9, 10

5 0000

6①左から
2, 1, 0
②左から
3, 0, 1

！アドバイス　10までの数の大小，並び方，0の意味や表し方の学習です。
2　わからなければ，おはじきなどを数だけ並べて比べさせましょう。
5, **6**　1つもないことを0と表すことをよく理解させましょう。

---

4 10までの かずの れんしゅう　11~12ページ

1①3　②5
③6　④7
⑤8
⑥10

2①（交差線）
②
③

3①右に○
②左に○
③8に○
④10に○

4①3　②5
③4　④9
⑤左から
7, 8, 10

5①4　②3
③2　④1
⑤0

5　5，6，7は　いくつと　いくつ　13~14ページ

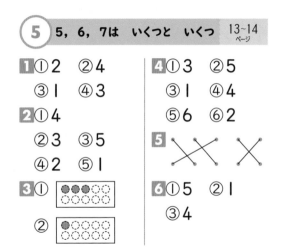

1 ①2　②4　③1　④3

2 ①4　②3　③5　④2　⑤1

3 ①［●●●●●／○○○○］　②［●○○○○／○○○○○］

4 ①3　②5　③1　④4　⑤6　⑥2

5 ［×　×　×］

6 ①5　②1　③4

アドバイス　5，6，7のそれぞれの数の構成（いくつといくつ）を理解します。例えば5であれば，「5は3と2」という数の分解の見方と，「3と2で5」という数の合成の見方があります。数を両方の見方でとらえられるようになることが大切です。

6　8，9は　いくつと　いくつ　15~16ページ

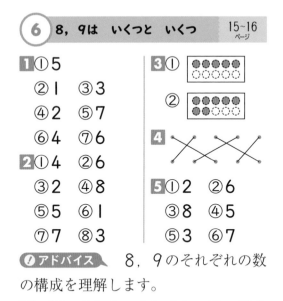

1 ①5　②1　③3　④2　⑤7　⑥4　⑦6

2 ①4　②6　③2　④8　⑤5　⑥1　⑦7　⑧3

3 ①［●●●●●●／○○○○○］　②［●●●●●●●／●●○○○］

4 ［×　×　×］

5 ①2　②6　③8　④5　⑤3　⑥7

アドバイス　8，9のそれぞれの数の構成を理解します。

1，2　8と9のそれぞれの数の構成をすべて扱っています。数図やブロックの図をもとに，どのように分解できるかをとらえさせましょう。

3～5　わからなければ，おはじきなどを使って考えさせてください。

7　10は　いくつと　いくつ　17~18ページ

1 ①9　②8　③7　④6　⑤5　⑥4　⑦3　⑧2　⑨1

2 ①4　②7　③5　④8

3 ①3　②6

4 ①7　②1　③2　④5　⑤4

アドバイス　10の構成を理解します。これまでの数と同様に，分解や合成の見方でとらえられることが大切です。特に，「あといくつで10になるか」という見方が重要です。これは，後半に学習するくり上がりのあるたし算を考えるときの基礎になります。

8　いくつと　いくつの　れんしゅう　19~20ページ

1 ①3　②1　③3　④5　⑤2　⑥6　⑦4　⑧2　⑨2　⑩5　⑪7　⑫8　⑬4　⑭2

2 ①1　②6　③3　④2

3 ①2　②4　③3　④2　⑤5　⑥2　⑦6　⑧2　⑨8　⑩4　⑪9　⑫5

アドバイス　10までの数の合成と分解の練習です。

3　これまでと形式がちがうことでとまどっているようであれば，例えば①なら，「5は3といくつ」のように表現を変えて考えさせてみましょう。

9 さんすう パズル

21〜22ページ

❶

くじら
ぺんぎん
あしか

❷

7は 5と	**2**	→
9は 7と	**2**	→
6は 3と	**3**	→
8は 3と	**5**	→
7は 4と	**3**	→
5は 1と	**4**	→

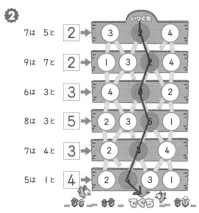

10 たしざんの しかた①

23〜24ページ

1 ①5
②4 ③4
④5 ⑤5
⑥4 ⑦5
2 ①7
②8 ③7
④6 ⑤9

3 ①3 ②5
③4 ④4
⑤5 ⑥3
⑦2 ⑧4
4 ①6 ②8
③6 ④7
⑤8 ⑥7
⑦9 ⑧9

🔔アドバイス　ここからは，答えが10以内のたし算の学習です。10回では，答えが5までのたし算と，5といくつのたし算の学習です。はじめての計算なので，「たし算」という言葉や式の読み方もしっかり理解させましょう。

11 たしざんの しかた②

25〜26ページ

1 ①8
②7 ③9
④9 ⑤8
⑥9
2 ①8
②7 ③9
④9 ⑤8

3 ①7 ②9
③8 ④9
⑤8 ⑥9
⑦9
4 ①9 ②9
③7 ④9
⑤8 ⑥9
⑦8

🔔アドバイス　たす数またはたされる数が，6，7，8の場合のたし算です。最初はブロックの図をもとに，式の数を確かめながら計算させましょう。
3，**4**　ブロックの図がないものは，数を思い浮べて計算できることが望ましいですが，無理そうならば，おはじきなどを与えて考えさせましょう。

12 たしざんの しかた③

27〜28ページ

1 ①6
②6 ③6
④7
2 ①10
②10 ③10
④10 ⑤10
⑥10 ⑦10

3 ①6 ②7
③7 ④6
⑤6
4 ①10 ②10
③10 ④10
⑤10 ⑥10
⑦10 ⑧10
⑨10 ⑩10

🔔アドバイス　5より小さい2つの数をたして5より大きくなるたし算と，たして10になるたし算です。
4　たして10になるたし算をすべて出題しています。10になる数の組み合わせを覚えさせておくとよいです。

89

13 たしざんの れんしゅう① 29~30ページ

1 ①4 ②5 ③4 ④3 ⑤3 ⑥5 ⑦5 ⑧5
2 ①6 ②7 ③8 ④6 ⑤8 ⑥9 ⑦9 ⑧7
3 ①9 ②8 ③9 ④7 ⑤8 ⑥9 ⑦8 ⑧8
4 ①6 ②10 ③10 ④7 ⑤6 ⑥10 ⑦10 ⑧8 ⑨10 ⑩10

アドバイス ここからは，答えが10以内のたし算の練習です。苦手なたし算はしっかり見直して，すべてのたし算が正しくできるようになることを目標に取り組ませましょう。

3，4 このページ以降の裏面の計算では，「＝」をつけて答えを書きます。忘れずに書くように指導してください。

14 たしざんの れんしゅう② 31~32ページ

1 ①4 ②5 ③5 ④4 ⑤8 ⑥9 ⑦6 ⑧7
2 ①8 ②10 ③8 ④9 ⑤10 ⑥9 ⑦10 ⑧10
3 ①5 ②9 ③2 ④6 ⑤6 ⑥3 ⑦6 ⑧5 ⑨7 ⑩8 ⑪6 ⑫7 ⑬8 ⑭7 ⑮10 ⑯8 ⑰9 ⑱10 ⑲7 ⑳10 ㉑8 ㉒9 ㉓9 ㉔10

アドバイス この段階では，速さよりも答えの正確さに重点を置いて取り組ませ，まちがえた計算はおはじきなどを使って正しい答えが求められるようにさせておきましょう。また，答えの数字をていねいに書いているかどうかもチェックするとよいです。

15 たしざんの れんしゅう③ 33~34ページ

1 ①3 ②7 ③5 ④8 ⑤7 ⑥9 ⑦6 ⑧9 ⑨4 ⑩8 ⑪5 ⑫6 ⑬8 ⑭6 ⑮10 ⑯9
2 ①4 ②6 ③4 ④8 ⑤9 ⑥9 ⑦9 ⑧5 ⑨7 ⑩8 ⑪9 ⑫10 ⑬9 ⑭7 ⑮5 ⑯8 ⑰10 ⑱6 ⑲10 ⑳10 ㉑10 ㉒8 ㉓10 ㉔7

16 たしざんの れんしゅう④ 35~36ページ

1 ①4 ②4 ③5 ④8 ⑤6 ⑥7 ⑦9 ⑧7 ⑨8 ⑩8 ⑪6 ⑫10 ⑬9 ⑭9 ⑮10 ⑯10 ⑰7
2 ①3 ②4 ③5 ④8 ⑤3 ⑥5 ⑦8 ⑧7 ⑨6 ⑩8 ⑪9 ⑫10 ⑬6 ⑭7 ⑮9 ⑯5 ⑰9 ⑱9 ⑲10 ⑳8 ㉑10 ㉒10 ㉓7 ㉔9

17 さんすう パズル 37~38ページ

❶

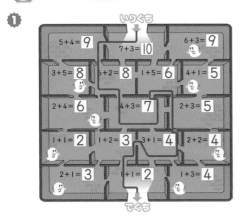

いりくち
5+4=**9** 7+3=**10** 6+3=**9**
3+5=**8** 5+2=**8** 1+5=**6** 4+1=**5**
2+4=**6** 4+3=**7** 2+3=**5**
1+1=**2** 1+2=**3** 3+1=**4** 2+2=**4**
2+1=**3** 1+2=**2** 1+3=**4**
でぐち

❷ くまの たまのり

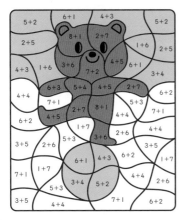

18 0の たしざんの しかた 39~40ページ

1 ①3　　　⑤8　⑥9
　　②2　　　⑦6　⑧0
　　③3　　　**4**①4　②1
　　④0　　　③2　④3
2①3　②4　　⑤8　⑥6
3①4　②2　　⑦9　⑧7
　　③5　④7　　⑨5　⑩1

💬**アドバイス**　0のたし算の学習です。まず，0を含む場合もたし算の式に表せることに気づかせましょう。0を含むたし算は，皿にあるいちごの数など，具体的な場面を考えて計算させるとよいです。

19 10と いくつ 41~42ページ

1①11　②12　　　**3**①12　②15
　③13　④14　　　③17　④11
　⑤15　⑥16　　　⑤13　⑥16
　⑦17　⑧18　　　⑦18
　⑨19　⑩20　　　⑧20
2①13　②17　　　**4**①1　②3
　　　　　　　　　　③6　④5
　　　　　　　　　　⑤2　⑥10
　　　　　　　　　　⑦9　⑧10

💬**アドバイス**　「10といくつで10いくつ」というとらえ方で，11から20までの数の読み方と数字の表し方，数の構成を学習します。特に**3**は，このあと学習する，10＋3，5＋5＋3，9＋3などの計算の仕方を考えるときの基礎になります。しっかり理解させておきましょう。

20 かずの ならびかた 43~44ページ

1①12　　　　　**4**①左から
　②16　　　　　　17，19
　③13　　　　　②左から
2①13　　　　　15，13
　②17　　　　　③左から
　③15　　　　　16，20
3①左から　　　**5**①15に○
　8，11，15　　②18に○
　②左から　　　③20に○
　12,14,18,20

💬**アドバイス**　20までの数の並び方，大小についての学習です。どれも，数の線（数直線）をもとにして考えさせましょう。

21 20までの かずの れんしゅう 45~46ページ

1 ①13 ②11
③17 ④14
⑤15 ⑥12
⑦18 ⑧16
⑨20 ⑩19
2 ①4 ②5
③9 ④1
⑤3
⑥7
3 ①左から
10,13,15,18

②左から
11,14,17,19
4 ①左から
20, 17, 16
②左から
12, 16, 18
5 ①15に○
②19に○
③14に○
④20に○

22 20までの かずの たしざんの しかた 47~48ページ

1 ①12　⑤18 ⑥20
②14 ③17　4 ①16 ②19
2 ①15　③18 ④16
②16 ③17　⑤14 ⑥18
④17 ⑤18　⑦15 ⑧17
3 ①15 ②13　⑨19 ⑩17
③11 ④16

アドバイス 20までの数の構成（10といくつ）をもとにしたたし算です。

23 20までの かずの たしざんの れんしゅう 49~50ページ

1 ①13 ②16　③15 ④14
③15 ④19　⑤14 ⑥19
⑤17 ⑥20　⑦15 ⑧18
2 ①16 ②18　⑨18 ⑩15
③16 ④17　⑪13 ⑫12
⑤15 ⑥17　⑬19 ⑭19
⑦17　⑮19 ⑯18
⑧19　⑰19 ⑱18
3 ①12 ②17　⑲17 ⑳19

24 3つの かずの たしざんの しかた① 51~52ページ

1 ①7　2 ①6 ②7
②6 ③9　③5 ④8
④9 ⑤6　⑤10 ⑥6
⑥5 ⑦8　⑦9 ⑧10
⑧8 ⑨7　⑨8 ⑩9
⑩10 ⑪10　⑪10 ⑫8
⑫10 ⑬10　⑬10 ⑭8
⑮8 ⑯10

アドバイス 3つの数を続けてたすたし算です。前から順に計算します。

3つの数のたし算は、はじめの2つの数をたした答えを式の近くに書き、残りの数をたすようにすると、計算しやすいです。また、答え合わせで、どこでまちがえたのかがチェックしやすくなります。

25 3つの かずの たしざんの しかた② 53~54ページ

1 ①12　2 ①12 ②14
②11 ③13　③13 ④11
④15 ⑤14　⑤16 ⑥18
⑥13 ⑦16　⑦17 ⑧14
⑧11 ⑨15　⑨15 ⑩16
⑩18 ⑪17　⑪17 ⑫15
⑫14 ⑬19　⑬18 ⑭11
⑮19 ⑯13

アドバイス はじめの2つの数をたすと10になる、3つの数のたし算です。

はじめの2つの数をたすと10になるので、残りの数をたすとき、「10+□」の計算をすることになります。ここでまちがえているようであれば、22回を見直しさせましょう。

26 3つの かずの たしざんの れんしゅう 55~56ページ

1 ①6 ②8
③9 ④7
⑤9 ⑥10
⑦10 ⑧10
2 ①11 ②15
③14 ④13
⑤12 ⑥17
⑦18 ⑧19

3 ①6 ②10
③12 ④9
⑤7 ⑥11
⑦18 ⑧9
⑨10 ⑩8
⑪8 ⑫13
⑬14 ⑭10
⑮16 ⑯15
⑰10
⑱17

アドバイス　3つの数のたし算の練習です。3つの数のたし算は,たし算を2回するので,まちがいが多くなります。1つ1つの計算を確実に行わせてください。

27 くり上がりの ある たしざんの しかた① 57~58ページ

1 ①12
②13 ③15
④11 ⑤16
⑥14 ⑦17
⑧18

2 ①11
②13 ③15
3 ①12 ②14
③16 ④17
⑤11 ⑥15
⑦14 ⑧17

アドバイス　ここからは,くり上がりのあるたし算の学習です。ここでは,9や8にたす計算です。

まず,計算の仕方をよく理解させましょう。10を作ると計算しやすいことから,たす数を分解し,たされる数で10を作ってから,残りの数をたします。この計算の仕方は,たす数（加数）を分解して計算することから,「加数分解」といいます。

28 くり上がりの ある たしざんの しかた② 59~60ページ

1 ①12
②13 ③11
2 ①11
②12 ③13
3 ①11 ②14
③16 ④15
⑤11 ⑥15

⑦14 ⑧13
4 ①12 ②13
③12 ④13
⑤12 ⑥12
⑦13 ⑧15
⑨16 ⑩14

アドバイス　たされる数が主に7と6のくり上がりのあるたし算です。

計算の仕方の基本は,たされる数が9や8のときと同じです。7はあと3で10なので,たす数を3といくつに分解し,6の場合は,たす数を4といくつに分解して,10を作って計算します。

29 くり上がりの ある たしざんの しかた③ 61~62ページ

1 ①12
②11 ③11
④12 ⑤11
⑥12 ⑦11
2 ①13 ②13
③15 ④11
⑤13 ⑥14

⑦11 ⑧14
⑨16 ⑩12
⑪12 ⑫12
⑬17 ⑭11
⑮15 ⑯12
⑰11 ⑱16
⑲18 ⑳14

アドバイス　主に,たす数のほうが大きく,10に近い場合のくり上がりのあるたし算です。

1の①のように,計算の仕方は2通りあります。⑥は,27・28回と同じ方法です。⑥は,たす数のほうが10に近いことから,たす数のほうで10を作って計算する方法です。この計算の仕方は,たされる数（被加数）を分解することから,「被加数分解」といいます。

1
①14 ②13
③16 ④13
⑤11 ⑥12
⑦13 ⑧15

2
①12 ②12
③11 ④11
⑤11
⑥13

3
①11 ②12
③11 ④13
⑤15 ⑥12
⑦16 ⑧12
⑨11 ⑩14
⑪13 ⑫12
⑬17 ⑭14
⑮18 ⑯15
⑰11 ⑱16
⑲14 ⑳17

❶アドバイス くり上がりのあるたし算の練習です。

1はたされる数のほうが10に近いたし算，**2**はたす数のほうが10に近いたし算です。**1**は加数分解，**2**は被加数分解の仕方が向いていますが，強要するものではありません。自分の考えやすいほうで10を作って計算してよいことを話してください。まちがいが多いようであれば，加数分解で統一して計算させましょう。

1
①11 ②11
③12 ④15
⑤12 ⑥11
⑦14 ⑧17

2
①12 ②11
③13 ④15
⑤16
⑥11

3
①13 ②12
③14 ④12
⑤11 ⑥17
⑦12 ⑧14
⑨13 ⑩15
⑪13 ⑫16
⑬12 ⑭16
⑮13 ⑯11
⑰18 ⑱11
⑲14 ⑳15

1
①11 ②11
③11 ④13
⑤14 ⑥11
⑦13 ⑧16
⑨15 ⑩12
⑪16 ⑫13
⑬13 ⑭13
⑮18 ⑯11
⑰11 ⑱16
⑲15 ⑳15

2
①14 ②12
③11 ④11
⑤13 ⑥12
⑦12 ⑧11
⑨12 ⑩14
⑪11 ⑫12
⑬12 ⑭11
⑮11 ⑯17
⑰14 ⑱14
⑲14 ⑳13
㉑15
㉒15

❶アドバイス 例えば8+3を，8から数えて「9，10，11」と数えたしをして答えを求めている場合があります。数えたしは，具体物からはなれられず，今後の複雑な計算に対応できなくなることもあるので，早めに10を作って計算する方法へと導いてください。

1
①13 ②13
③11 ④12
⑤14 ⑥11
⑦12 ⑧11
⑨13 ⑩11
⑪11 ⑫16
⑬14 ⑭11
⑮11 ⑯14
⑰15
⑱17

2
①12 ②12
③15 ④14
⑤13 ⑥13
⑦17 ⑧12
⑨12 ⑩11
⑪15 ⑫16
⑬16 ⑭14
⑮16 ⑯13
⑰12 ⑱11
⑲13 ⑳17
㉑14 ㉒15
㉓14 ㉔18

34 100までの かず 71~72ページ

1
① 45
② 68
③ 83
④ 100

2 ① 62 ② 34

3
① 42 ② 76
③ 59 ④ 97
⑤ 63
⑥ 85
⑦ 100

4
① 2 ② 3
③ 40 ④ 80
⑤ 6, 2
⑥ 9, 4

●アドバイス　100までの数の数え方，読み方，数字の表し方，数の構成の学習です。「10が何個で何十，何十と何で何十何」というとらえ方で100までの数を理解することが大切です。

2　②は，5個パックとばら（端数）のみかんから，10のまとまりが何個になるかを考えさせましょう。

35 なん十の たしざんの しかた 73~74ページ

1
① 60
② 50 ③ 100
④ 80 ⑤ 50
⑥ 50 ⑦ 70
⑧ 60 ⑨ 70
⑩ 90 ⑪ 90
⑤ 80 ⑥ 80
⑦ 50 ⑧ 90
⑨ 80 ⑩ 60
⑪ 80 ⑫ 70
⑬ 60 ⑭ 90
⑮ 90 ⑯ 80

2
① 70 ② 60
③ 70 ④ 70
⑰ 100 ⑱ 100
⑲ 100 ⑳ 100

●アドバイス　何十と何十のたし算です。
　10の束がいくつかと考えれば，くり上がりのないたし算をもとにして計算できることに気づかせましょう。

1　③は，10の束が10個になるので100と考えられることが大切です。

36 なん十の たしざんの れんしゅう 75~76ページ

1
① 50 ② 40
③ 70 ④ 90
⑤ 70 ⑥ 90
⑦ 90 ⑧ 100
⑨ 100 ⑩ 90
⑪ 70 ⑫ 60
⑬ 80 ⑭ 100
⑮ 80
⑯ 80

2
① 50 ② 40
③ 50 ④ 30
⑤ 60 ⑥ 50
⑦ 70 ⑧ 60
⑨ 80 ⑩ 70
⑪ 90 ⑫ 80
⑬ 100 ⑭ 80
⑮ 100 ⑯ 70
⑰ 90 ⑱ 80
⑲ 60 ⑳ 100
㉑ 100 ㉒ 90
㉓ 100 ㉔ 90

37 100までの かずの たしざんの しかた 77~78ページ

1
① 25
② 47 ③ 58

2
① 25
② 43 ③ 38
④ 67 ⑤ 78

3
① 32 ② 65
③ 84 ④ 59
⑤ 76 ⑥ 91

4
① 34 ② 26
③ 75 ④ 67
⑤ 46 ⑥ 55
⑦ 77 ⑧ 89
⑨ 29 ⑩ 59
⑪ 98 ⑫ 49

●アドバイス　100までの数の構成（何十といくつ）をもとにしたたし算です。棒の図をもとにして，計算の仕方を理解させましょう。

　1の何十に1けたの数をたす計算は，「何十と何で何十何」と，数の構成をもとにして計算できます。

　2の何十何に1けたの数をたす計算は，ばら（端数）だけたして，数の構成をもとにして答えを求めます。

95

38 100までの かずの たしざんの れんしゅう 79~80ページ

1 ①27 ②41
③63 ④36
⑤52
⑥95

2 ①54 ②34
③27 ④89
⑤69 ⑥48
⑦98 ⑧77

3 ①34 ②46
③25 ④86
⑤56 ⑥78
⑦45 ⑧38
⑨85 ⑩66
⑪73 ⑫36
⑬97 ⑭57
⑮49 ⑯28
⑰89 ⑱58
⑲62 ⑳49
㉑78 ㉒98
㉓97 ㉔69

⚫アドバイス 　何十と1けたの数，何十何と1けたの数のたし算の練習です。
　十の位の数に1けたの数をたしてしまうまちがいがよくあります。100までの数の構成を考えながら，どの数とどの数をたすのかよく考えて計算させましょう。

39 大きな かずの たしざんの れんしゅう 81~82ページ

1 ①60 ②40
③50 ④80
⑤100 ⑥60
⑦90 ⑧100
⑨54 ⑩72
⑪97 ⑫68
⑬45 ⑭69
⑮56 ⑯37
⑰28 ⑱97
⑲77 ⑳89

2 ①50 ②64
③24 ④45
⑤70 ⑥48
⑦59 ⑧80
⑨35 ⑩38
⑪50 ⑫82
⑬100 ⑭68
⑮89 ⑯70
⑰60 ⑱58
⑲100 ⑳76
㉑47
㉒100

40 さんすうパズル 83~84ページ

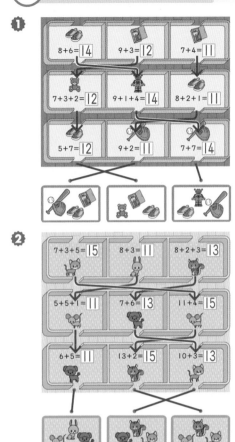

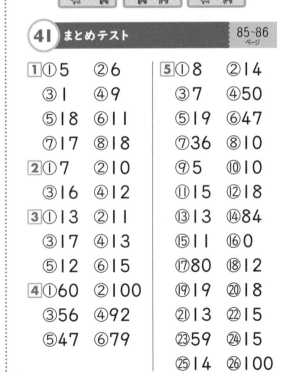

41 まとめテスト 85~86ページ

1 ①5 ②6
③1 ④9
⑤18 ⑥11
⑦17 ⑧18

2 ①7 ②10
③16 ④12

3 ①13 ②11
③17 ④13
⑤12 ⑥15

4 ①60 ②100
③56 ④92
⑤47 ⑥79

5 ①8 ②14
③7 ④50
⑤19 ⑥47
⑦36 ⑧10
⑨5 ⑩10
⑪15 ⑫18
⑬13 ⑭84
⑮11 ⑯0
⑰80 ⑱12
⑲19 ⑳18
㉑13 ㉒15
㉓59 ㉔15
㉕14 ㉖100